安徽省淮北平原
地面沉降调查与监测研究

主编　王龙平　魏路

副主编　魏娇娇　杨章贤　康佳

参编　夏智先　朱正华　李志刚　柴龙飞
刘建奎　张茂娴　钱洋　崔效文
吴昊　殷玉忠　蒋少杰　胡留洋
马书明　李陆　靳清增　肖永红
咬登魁　孙辉　蒋瞳

中国科学技术大学出版社

内 容 简 介

　　本书是以近年来完成的"安徽省阜阳市地面沉降调查与监测""阜阳市地面沉降控制区范围划定"等项目综合研究成果为基础,结合前人关于地面沉降的多个项目成果以及近年地面沉降监测网建设与监测工作所完成的阶段性总结,是对阜阳市地面沉降监测的系统总结。本书获取了较长时空跨度的地面沉降分布与发生发展趋势过程的资料与数据,详细梳理了阜阳市地面沉降的发展脉络,查明了地面沉降分布特征及地面沉降发育程度,并对地面沉降发展趋势和危害进行了评估,是对阜阳市地面沉降监测理论与方法的系统总结,为阜阳市乃至安徽省淮北平原地面沉降研究提供技术参考。

　　本书适合地面沉降防治工作人员、从事地面沉降学习和研究的本科生、研究生阅读。

图书在版编目(CIP)数据

安徽省淮北平原地面沉降调查与监测研究/王龙平,魏路主编.—合肥:中国科学技术大学出版社,2023.7

ISBN 978-7-312-05662-8

Ⅰ.安…　Ⅱ.①王…②魏…　Ⅲ.地面沉降—研究—安徽　Ⅳ.P642.26

中国国家版本馆 CIP 数据核字(2023)第 074366 号

安徽省淮北平原地面沉降调查与监测研究

ANHUI SHENG HUAIBEI PINGYUAN DIMIAN CHENGJIANG DIAOCHA YU JIANCE YANJIU

出版	中国科学技术大学出版社
	安徽省合肥市金寨路 96 号,230026
	http://press.ustc.edu.cn
	https://zgkxjsdxcbs.tmall.com
印刷	安徽省瑞隆印务有限公司
发行	中国科学技术大学出版社
开本	710 mm×1000 mm　1/16
印张	9.25
字数	161 千
版次	2023 年 7 月第 1 版
印次	2023 年 7 月第 1 次印刷
定价	58.00 元

前　言

本书是以近年来完成的"安徽省阜阳市地面沉降调查与监测""阜阳市地面沉降控制区范围划定"等项目综合研究成果为基础,结合前人关于地面沉降的多个项目成果以及近年地面沉降监测网建设与监测工作所完成的阶段性总结,是对阜阳市地面沉降监测的系统总结,并通过项目实践,将获得的成果和经验上升到基础理论和监测技术方法体系之中。

安徽省地面沉降基本发育于淮北平原地区,特别是阜阳市所在区域,自 20 世纪 80 年代以来,该研究区先后进行了多次地面沉降方面的调查、勘查、监测等项目工作;2017 年阜阳市开展了地面沉降控制区划定项目工作;之后又持续开展了地下水动态长期观测与统测、地面高程水准测量、光纤监测、分层标监测、InSAR 监测等工作,获得了较长时空跨度的地面沉降分布与发生发展趋势过程的资料与数据以及与其具有主要因果关系的中、深层地下水开采及水位动态数据序列;收集汇拢了数以百计的水文及工程地质钻孔剖面资料,较清晰地展现了淮北平原典型城市阜阳市地面沉降的水文与工程地质条件特征。本书首次较为全面地论述了淮北平原典型城市(阜阳市)地面沉降发育的历史与现状和地面沉降的地质环境条件。

通过本轮地面沉降调查与监测工作,阜阳市已初步建成"三位一体"的地面沉降监测网络,主要包括空中监测、地表监测及地下监测,其中空中监测网主要为 InSAR 监测;地表监测网主要由 GNSS 监测点、分层标(组)、光纤孔和水准点等构成;地下监测网主要由地下水监测孔组成。

此次研究工作对地面沉降进行系统评价,查明了地面沉降分布特征及地面沉降发育程度;对地面沉降发展趋势、危害进行了评估。

王龙平、魏路为本书主编,负责对章节与主要内容进行指导、安排及审核,并编写了第 1、3 章;第 2、4、5 章由魏娇娇、杨章贤、康佳、李志刚、朱正华、殷玉忠、蒋少杰、胡留洋、马书明、靳清增、李陆、崔效文、吴昊编写;第 6、7、8、9 章由魏路、康佳、夏智先、柴龙飞、刘建奎、张茂娴、钱洋、肖永红、咬登奎、孙辉编写;全书由蒋瞳校稿。

囿于编者水平,本书存在不足之处,敬请各位同行批评指正。

编 者

2022 年 11 月

目　　录

第1章 绪 论

1.1 地面沉降概况

1.1.1 地面沉降的历史与现状

地面沉降是一种缓变型地质灾害,多发生在没有完全固结成岩的第四纪沉积地层中。由于其发展相对缓慢,没有仪器观测往往难以察觉,而一旦发生,那么即使消除了引起地面沉降的因素,也难以完全恢复原状。地面沉降不仅影响着经济的可持续发展,而且严重威胁着人类的生命安全(Chaussard E et al,2013;秦同春等,2018;李雪华,2019)。

根据现有文献记载,世界上最早的地面沉降现象记录发生在 1891 年的墨西哥的墨西哥城,其次于 1898 年在日本新潟发现。但由于当时沉降现象并不严重且没有发生大规模的次生灾害,同时人们的防灾减灾意识不强,所以未能得到足够的重视,一般将其归结于地壳升降运动(董国凤,2006)。1940 年之后,工业化和城市化在世界范围的快速发展,导致地下水和油、气资源被大量开采,许多大城市出现不同程度的地面沉降现象,并且日趋严重,其中以美国、墨西哥、意大利、日本、印度尼西亚、泰国等的城市较为严重。

到 20 世纪 30 年代,在日本的东京、大阪,美国的长滩等沿海城市,地面沉降发展严重,加之风暴潮的侵袭,给当地造成巨大的经济损失,地面沉降成为严重的区域地质灾害(张云霞,2014)。目前,世界上已有 50 多个国家和地区发生地面沉降,较严重的国家有日本、美国、墨西哥、意大利、泰国和中国等。仅在美国,已经有遍及 45 个州超过 44 030 km² 的土地受到了地面沉降的影响,相当于新罕布什尔州与佛蒙特州面积的总和,由此引发的经济损失更是惊人,在 1979 年仅在圣克拉拉山谷,地面沉降所造成的直接经济损失就大约有 1.31 亿美元,至 1998 年则高达 3 亿美元(元军强,2002;孟祥磊,2007)。

自从 1921 年上海出现地面沉降以来,迄今为止今中国已有 96 个城市和地区出现了不同程度的地面沉降,沉降面积 5 万多平方千米(郑铣鑫等,2002)。代表性的地区有浙江的宁波、嘉兴,江苏的苏州、无锡、常州,河北的沧州、唐山、衡水、保定、任丘、南宫,山东的菏泽、济宁、德州,安徽的阜阳,山西的临汾、太原、大同,河南的安阳、开封、洛阳、许昌、郑州,台湾的台北、屏东,陕西的西安,北京及松辽平原等,较严重的有上海、天津、台北、西安、宁波、苏州等。目前,只有上海、天津地面沉降已基本得到控制,不再大幅度发展,其余地区仍有下降趋势;以沧州为中心的河北平原、山东的德州、江苏的苏州、无锡、常州及陕西的西安等地面沉降中心的沉降速率在逐渐减缓,但沉降范围仍有进一步扩大的趋势;安徽阜阳、山西太原等地的沉降速率还在扩大(万伟峰,2008)。综合而言,全国多个城市和地区的地面沉降还在进一步发展,地面沉降范围仍有扩大趋势,对当地居民的生命、财产安全造成的危害还在不断增大(段永侯,1998;刘毅,1999;戴海涛,2009)。

1.1.2 地面沉降研究的目的与意义

安徽省地面沉降灾害主要分布在淮北平原区。近年来,随着深层地下水大量开采导致水位持续下降,淮北平原区地面沉降幅度和范围逐年加大,特别是阜阳市城区的沉降较为严重,已造成了一定危害。

编写本书的目的主要是在对近些年淮北平原典型城市阜阳市的地面沉降监测与调查成果进行综合分析基础上,取得对安徽省淮北平原典型城市地面沉降地质环境条件的全面深入认识,并从整体观念上,研究预测地面沉降发生与发展趋势,提出监测与防治对策建议及专项调查研究工作开展方向,以期助力阜阳市地面沉降防治工作。

本书是对安徽省阜阳市地面沉降监测与调查研究工作的系统总结,可以使人们较全面地了解阜阳市地面沉降防治工作的历史与现状、地面沉降危害、地质环境特征、发生发展趋势、监测防治现状形势与今后工作任务以及存在的主要问题与重要调查研究项目工作方向等。这将促进建立完善安徽省的地面沉降监测体系，为论证实施重大防控与改水项目，统一优化防控指标与明确重要防控对象，编制实施各市地面沉降防治规划及城市与道路建设规划等提供新的较全面的地质依据与基础数据。

1.2 地面沉降防治工作的历史与现状

1.2.1 地面沉降防治工作的历史

地面沉降是指由于自然因素或人类工程活动引发的地下松散岩层固结压缩并导致一定区域范围内地面高程降低的地质现象，是一种缓变型地质灾害。安徽省的地面沉降主要由大量开采中层与深层松散岩类孔隙地下水造成。自 20 世纪 80 年代之后，随着改革开放的推进，城市步入发展期，对中层及深层地下水的开采量随之加大，相应地下水位显著下降。最早于 1991 年在阜阳市的调查中发现地面沉降现象，截至目前，安徽省淮北平原区阜阳、亳州、宿州等地市地面沉降已普遍存在。

(1) 1991 年，安徽省水文地质总站完成了《安徽省阜阳市水文地质工程地质环境地质综合详查报告》(1∶50 000)，首次开展了阜阳市地面沉降地质条件研究，圈定了阜阳地面沉降区范围达 360 km²，最大累积沉降量 872.82 mm。

(2) 1999~2009 年，我省先后完成所有县市的"1∶100 000 县(市、区)地质灾害调查与区划"工作，初步划定了各县市地面沉降地质灾害易发区。

(3) 2000 年，安徽省地质环境监测总站、安徽省地勘局第二水文工程地质勘查院完成了《安徽省环境地质调查报告》(1∶500 000)，该成果确定了阜阳市地面沉降区范围达 410 km²，最大累积沉降量 1 400 mm。

(4) 1998~2008 年，安徽省地质调查院对阜阳城市及外围进行了地面沉降监测，查明了自 1989 年以来，不同时期阜阳市地面沉降范围与发育程度。

（5）2003～2006 年，安徽省地质调查院实施"淮河流域（安徽段）环境地质调查"工作，查明了淮河流域（安徽段）地下水污染现状及其与地下水相关的环境地质问题，包括阜阳市地面沉降现状、成因及发展趋势，提出地面沉降监测网络建设方案。

（6）2005 年 8 月，安徽省地质调查院实施"阜阳市地面沉降灾害经济评估及地面沉降监测"项目，建立了 GPS 监测网。

（7）2011 年 8 月，安徽省地质环境监测总站提交了《安徽省阜阳市城区新水源地可行性论证》，对新水源地可行性进行了充分论证，提出了水资源开发思路，确定了阜阳市下一步水资源开发利用方向。

（8）2013 年，安徽省地质环境监测总站集成了全省"1∶100 000 县（市、区）地质灾害调查与区划"成果，编制完成了《安徽省县（市、区）地质灾害调查与区划成果综合研究报告》及安徽省地质灾害易发程度分区图，将淮北平原西部松散层厚度大于 100 m 区域划分为地面沉降低易发区；在集中开采深层孔隙水、规模较大的城镇，地面沉降易发等级提高为中易发；将阜阳-界首、亳州市区划为地面沉降灾害高易发区。

（9）2014 年，安徽省地质调查院提交的《安徽省阜阳市地面沉降调查报告》建立了阜阳市地面沉降高程监测网框架体系，编制了地下水动态监测网建设方案，进行了研究区 D-InSAR 遥感监测和地面沉降数值模拟预测，进行了地面沉降现状及沉降量的分析，确定阜阳市城区沉降面积为 715 km²，最大累积沉降量 1 567.2 mm。

（10）2014 年，安徽省地质环境监测总站完成了《安徽省亳州市地面沉降调查报告》，开展了亳州市地面沉降成灾地质条件研究，编制了亳州市地面沉降现状图，确定亳州市沉降面积为 2 226 km²，最大累积沉降量 144 mm，并综合分析了地面沉降研究方向和防治对策。

（11）2014 年，安徽省地质矿产勘查局第一水文工程地质勘查院开展了"砀山县地面沉降调查与监测网建设"工作，通过对砀山县地质环境条件的调查，确定了地下水降落漏斗范围，调查了地面沉降现状及危害程度，初步圈定了地面沉降范围，建立了砀山县地下水监测网和地面高程监测网。

（12）2012～2015 年，安徽省地质环境监测总站开展了"阜阳市城市地质调查"项目，围绕地质环境、地质资源等制约城市可持续发展的因素，在收集、利用已有资料的基础上，开展综合城市三维地质调查；布设了光纤监测孔，并开展了为期 1 年的地面沉降监测工作,为了解沉降压缩层的位置、沉降量提供了重要资料。

(13) 2013~2017 年,安徽省地质环境监测总站开展了"安徽省国家地下水监测工程",结合前期已有监测站点,按浅、中、深层地下水监测层位,布设了 370 眼监测孔,进一步完善了皖北地区地下水动态监测网络。

(14) 2016~2017 年,安徽省地质环境监测总站完成了"安徽省阜阳市地面沉降调查监测"项目,工作范围主要为阜阳城区及附近地面沉降较严重区域,面积 1 000 km²。该项目通过地下水开采现状调查、地面沉降迹象及危害调查、地下水位监测、大地水准测量、GPS 测量、InSAR 解译等工作,查明了研究区内地面沉降现状,完善了地面沉降监测网络,研究了地面沉降形成机制和发育规律,根据工程力学结合计算机技术预测地面沉降发展趋势,为阜阳市城市规划、建设、管理提供了科学依据。

(15) 2017 年对阜阳市、亳州市、宿州市、淮北市、淮南市及蚌埠市全面开展了地面沉降控制区划定工作,划分地面沉降一级控制区 1 913.04 km²、二级控制区 625.93 km²、一般环境影响区 33 480.95 km²、矿山地质环境影响区 2 282.08 km²,为明确控制指标与重要防控对象提供了可供利用的成果及数据,初步建立了安徽省淮北平原区地面沉降监测网络。这些工作,为阜阳、亳州及宿州等市地面沉降防治提供了地质依据,促进了地方政府对中、深层地下水开采控制与压采方案的实施。

(16) 2015~2018 年,安徽省地质环境监测总站按照有关市地面沉降防治规划要求,分别在阜阳市及界首市、太和县、临泉县、颍上县、阜南县建立了分层标 6 组及光纤孔 1 处;在宿州市、砀山县各建立光纤孔 1 处,其作用是监测研究地面沉降垂向变化及分析其控制影响因素的重要技术手段。另外,铁路部门在高铁轨道沿线建立了精密的水准测量网,用于获取沉降发育地段轨道设施变形信息,提供铁路梁面高程修正,其中自 2016 年以来,商合杭高铁共布设了 300 余个水准点,实施每年 3 次的二等水准测量工作。

(17) InSAR 遥感解译是近二十年来发展成熟的地面变形观测分析技术,具有精度高、覆盖面广、时序性强的特点。2017 年之后,对安徽省淮北平原区地面沉降进行了较全面的 InSAR 遥感解译,之后又收集利用了国家相关部门新的 InSAR 遥感解译成果,对我省淮北平原地面沉降近几年的发展趋势有了更新的认识。

(18) 自 20 世纪 80 年代以来,安徽省地质环境监测总站通过对全省地下水动态进行连续监测,划定了地下水集中开采区降落漏斗,为分析地下水动态变化及产生的地面沉降问题提供了原始资料依据。

（19）2019 年 7 月安徽省在阜阳市召开了"2019 年淮北平原地面沉降防治工作会议"，2019 年 11 月召开了"长三角地面沉降防治省级联席会议"，落实地面沉降防治工作。会议达成共识：一是完善地面沉降调查监测工作；二是加强水准点、基岩标、分层标、光纤孔等建设，尤其是要补足基岩标建设滞后的突出短板，尽早建成完善的地面沉降监测网；三是加强地面沉降防治工作的联防联控；四是将安徽省地面沉降监测工作纳入常态化经费投入与管理。

综上所述，安徽省 2017 年之后较全面地开展了地面沉降调查与监测工作，前期阜阳、亳州等地市地面沉降调查与监测项目的完成为后期工作开展奠定了重要基础。通过地面沉降二等水准高程测量、地下水动态长期监测、InSAR 遥感解译及光纤专门性地面沉降等工作，依据相关规范与水文地质工程地质学分析研究，目前，已基本查明安徽省淮北平原区地面沉降分布现状，划分了各市地面沉降易发性、危险性、防治控制分区。这些工作成果属于安徽省及国家的公益性项目，经过较严格的质量控制及专家审核，可靠性较高，是本次综合性地面沉降分析研究的主要地质资料与数据。

1.2.2　地面沉降防治工作政策与推进

阜阳市于 20 世纪 80 年代即已调查确定存在明显的地面沉降，并产生了一定的危害，其后又多次进行了深入调查研究及较长期的地面沉降监测工作。这些研究及监测工作的成果数据被及时提供给阜阳市政府有关部门作为参考，使得地面沉降的危害性及防治的重要性得到了大力宣传。阜阳市历届政府都对地面沉降防治工作予以重视，在 2000～2011 年，加强了对城市地下水集中开采区中深层开采井的封井、禁采等工作，地面沉降曾出现明显减缓趋势。

2012 年 2 月 20 日，国务院审批同意《全国地面沉降防治规划（2011～2020年）》（简称《规划》），《规划》强调，要用 10 年时间，查明全国地面沉降灾害现状、发展趋势、形成原因及分布规律，建立重点地区地面沉降监测网络；建立健全政府主导、部门协同、区域联动的地面沉降防治工作体系；形成适合我国国情的地面沉降防治与地下水控采技术方法体系。到 2020 年，完成全国地面沉降调查，建立全国地面沉降监测网络；进一步完善地面沉降监测与防治技术体系、管理体系；实施重点地区水资源配置与地下水禁采限采、含水层恢复修复工程,使地面沉降恶化趋势得到有效控制。

安徽省地质灾害防治"十二五"规划将阜阳市市区、太和县、界首市、亳州市区等地区,划定为地面沉降地质灾害高易发区,也是全省划分的 5 个地质灾害重点防治区之一;2012 年颁布了《安徽省人民政府关于加强地质灾害防治工作的意见》,《意见》指出建立健全地面沉降、塌陷防控机制;制定地下工程活动和地下空间管理办法,严格审批程序,防止矿产资源开采、地下水抽采、地下工程建设以及地下空间使用不当等引发地面沉降、塌陷等灾害;完善皖北地区地面沉降监测网络,实行地面沉降与地下水开采联防联控,保障生态文明建设和区域经济快速发展,促进资源环境和经济社会协调发展。

2014 年 9 月,根据水利部办公厅《关于开展全国地下水超采区评价工作的通知》(办资源〔2012〕285 号)要求,安徽省水利厅组织开展了新一轮地下水超采区评价工作。安徽省共划分地下水超采区 25 个,超采区总面积为 3 068.5 km²(重叠面积 1 131.9 km²),主要分布在阜阳市(市区、界首、临泉、太和、颍上)、亳州市(谯城区、利辛、涡阳、蒙城)、淮北市(市区、濉溪)、宿州市(埇桥区、灵璧、萧县、泗县、砀山)以及蚌埠市(固镇)等 5 个市区所辖的 17 个县区水源地。

2015 年 2 月,中央政治局常务委员会会议审议通过的《水污染防治行动计划》(水"十条")规定:着力节约保护水资源,严控地下水超采;在地面沉降、地裂缝、岩溶塌陷等地质灾害易发区开发利用地下水,应进行地质灾害危险性评估;严格控制开采深层承压水,地热水、矿泉水开发应严格实行取水许可和采矿许可;依法规范机井建设管理,排查登记已建机井,未经批准的和公共供水管网覆盖范围内的自备水井,一律予以关闭;编制地面沉降区、海水入侵区等区域地下水压采方案;开展华北地下水超采区综合治理,超采区内禁止工农业生产及服务业新增取用地下水;2017 年底前,完成地下水禁采区、限采区和地面沉降控制区范围划定工作。

安徽省淮北平原六市地面沉降控制区范围划定工作已于 2017 年底基本完成,阜阳、亳州、宿州等主要地面沉降城市已开始编制更新地下水禁限区划分。

2017 年 12 月 22 日,在江苏省常熟市召开了"2017 年长江三角洲地面沉降防治省际联席会议"。安徽、江苏、浙江、上海"三省一市"共同签署了新的《长江三角洲地面沉降防治区域合作协议》,安徽省正式被纳入长三角地面沉降区域合作体系。会议认为:结合"十九大"精神、全国地面沉降防治规划要求,长三角地面沉降联防联控符合区域一体化发展要求,四省市将坚持协调、统一、共享原则,推动地面沉降防治区域一体化联动,充分发挥长三角地面沉降防治科技和人才优势,加强工作成果的公益性服务和社会化应用,希望在全国起到引领示范作用。

"2018年长江三角洲地面沉降防治省际联席会议"在浙江温岭召开,依照会议精神,安徽省于2019年7月召开了"皖北六市地面沉降防治工作会议",会议全面通报了安徽省淮北平原区地面沉降发生发展和监测防治工作现状,提出了监测与防治方向。各市针对会议要求,编制了地面沉降防治工作方案。目前,各市地面沉降防治工作在开展或筹划之中。

地面沉降防治的根本途径在于工业和生活用水置换,减少地下水的开采利用,除南水北调等国家级地表水引水工程外,淮北平原区主要受益于引江济淮工程。

1. 南水北调工程

南水北调工程是我国重大水利工程,分东、中、西三条线路,主要解决我国北方地区,尤其是黄淮海流域的水资源短缺问题,规划区人口达4.38亿人。安徽省砀山邻近东线工程,规划从南水北调东线引水进入江苏丰县大沙河,沿大沙河经孙寨泵站向南至苏皖省界,再由新建杨庄站抽水入砀山县境内黄河故道,经调蓄后再往砀山县和萧县供水。砀山县利用顺堤河引水进入砀山县城,萧县从三大家闸上杨楼刘套交界处,南下引至岱河上段,至岱山口闸上经岱湖调蓄后向城区供水。远期至2030年,南水北调东线补充工程实施后,多年平均可向萧县和砀山县供水 6.0×10^8 m^3。

2. 引江济淮工程

引江济淮工程沟通长江、淮河两大水系,是跨流域、跨省性重大水资源配置和综合利用工程。工程任务以城乡供水和发展江淮航运为主,结合灌溉补水和改善巢湖及淮河水生态环境。该工程受水范围包括阜阳、亳州、宿州(部分)、淮北(部分)、蚌埠(部分)、淮南各市。工程于2018年全面开工,计划工期6年,预计在2025年左右完成并投入运行。

3. 阜阳市淮河引水工程

阜阳市淮河引水工程由阜阳市第三水厂建立引用,引水源为淮河地表水,取水口位于阜南县郜台,现已实现供水,供水能力 15×10^4 m^2/d,主要供给城市生活用水。

综上所述,随着国家对生态与自然环境的重视,并出台了一系列对地下水禁限采和地面沉降防治规划要求,2017 年以来,从部级、长三角地区到安徽省地面沉降防治工作会议陆续召开,安徽省厅及皖北六市政府对地面沉降防治工作的重视上了一个新的高度,全面完成了皖北六市地面沉降控制区划定工作,协助建设完善安徽省地面沉降监测网络。作为安徽省地面沉降最严重的阜阳市,已开展改水工程建设。

1.3　地面沉降的基本概念

1.3.1　关于地面沉降的术语解释

地面沉降是因自然因素和人为活动引发松散地层压缩所导致的地面高程降低的地质现象,包括在其发育过程中伴生的地裂缝现象。

1.3.2　关于含水层的术语解译

松散岩类孔隙水:对于松散岩类孔隙地下水含水层划分,不同部门、不同时期以及不同地区在命名和含义上都有所差别,这给予水文地质相关的项目研究及报告编写、通报及信息数据统计分析等都带来不便,甚至会引起混乱与歧义。目前尚未见有专门的研究与统一工作,因此,有必要对含水层的划分进行说明,以尽量做到含义明确,逻辑自洽一致,并贴近当前关于含水系统的概念。

1. 浅层松散岩类孔隙地下水

简称浅层地下水,含水岩组称为浅层含水层,编号 A,接受大气降水补给,松散岩层潜水,具有较厚的黏性土,弱透水层与中层含水层水力联系较差,具有两个子含水系统。

（1）浅层潜水

含水岩组称为浅层第一含水层,编号 A1,存在于最上部松散岩类孔隙地下水,含水层一般由全新世至上更新世粉亚砂及细砂组成,深度一般在 20 m 以浅,与浅层弱承压含水层具有不稳定的隔水层,往往水力联系较密切。

(2) 浅层弱承压水

含水岩组称为浅层第二含水层,编号 A2,赋存于浅层下部松散岩类地下水,含水层一般由上更新世粉亚砂及细砂组成,含水层分布深度一般为 20~50 m,在天然状态下具有弱承压性质。

2. 中层弱透水层

浅层弱承压水含水层之下的弱透水层,分布深度一般顶部为 30~50 m 以深,底部为 150~180 m 以浅,主要由中更新世厚层黏性土组成,夹 1~3 薄层粉亚砂及细砂层,连续性较差,或无含水砂层分布。本书把其中的薄层含水砂层地下水称为中层地下水(含水岩组称为第二含水层,编号 B),第二含水层与浅层第一含水层及之下的第三含水层的水力联系一般较差。

3. 深层松散岩类孔隙地下水

简称深层地下水,其含水岩组称为第三含水层,编号 C1,原则上是指由下更新世至新近世一套厚层砂层与中至厚层黏性土相间的巨厚含水系统,按照目前主要开采深井深度下限,一般深层地下水是指深度 350 m 以浅部分;而将 350~500 m 部分称为超深层地下水(编号 C2)。

另外,对于第三含水层,如果一个地段下更新世地层砂层与新近纪砂层之间隔水层较厚,还可细分为深层第一含水层(深一)和深层第二含水层(深二)。

4. 含水层混层

含水层划分原则上以含水系统概念进行确定,即一个含水层即是一个相对独立的含水系统,研究区上述含水层划分大致与地层时代岩组有对应关系,但部分地段存在弱透水层很薄甚至缺失现象,这些地段以带状或"天窗"形式分布,导致上述一般的含水层划分失去实际依据。对此,仍以含水系统的概念进行含水层划分,但为了与区域上一般的划分层对照,而将其或部分含水层作为混层看待,如沿淮河以北地带 BC1 混层及 A1B 混层的存在。

第 2 章　国内外研究现状

2.1　地面沉降理论研究现状

引起地面沉降的原因很多,其中大量开采地下水是一个主要原因。地下水赋存于含水层中,含水层是孔隙较大的岩层或土层,属于多孔介质,其透水性好,地下水容易进入,也容易渗出。一旦过度开采地下水,地下水位严重下降,含水层中的空隙很难在短时间内恢复,进而使得上覆地层的重量只能作用于含水介质构成的骨架上,由于难承其重,导致岩层、土层逐渐下沉,地面也随之下沉,即地下水的开采造成原来稳定的受力平衡受到破坏而产生地面下沉。因此地下水开采引起的地面沉降属于与多孔介质有关的流固耦合问题(李成柱等,2006)。

目前各类对与多孔介质有关的流固耦合问题的研究主要基于 Terzaghi 固结理论和 Biot 固结理论展开(万伟锋,2008)。

从 20 世纪 50 年代初开始,由于全球范围内出现了不同程度的地面沉降问题,各国科技工作者对这一问题展开了越来越多的研究。自 1969 年以来,为加强世界范围内地面沉降学术研究的交流,联合国教科文组织和国际水文科学协会发起了"国际地面沉降会议",共举办了 9 届,分别在东京(日本,1969 年)、阿纳海姆(美国,1976 年)、威尼斯(意大利,1984 年)、休斯敦(美国,1991 年)、海牙(荷兰,1995年)、拉文纳(意大利,2000 年)、上海(中国,2005 年)、克雷塔罗(墨西哥,2010 年)和名古屋(日本,2015 年)。目前,各国科技工作者在地面沉降机理分析和计算模型方面取得了丰硕的研究成果。

2.1.1 抽水诱发的地面沉降机理

Terzaghi 提出的有效应力原理为解释地下水开采引起的地面沉降现象提供了理论基础(Terzaghi,1925)。其假设土体总应力不变,当水位下降或水头降低时,颗粒间的有效应力增大,土骨架中的孔隙被压缩,进而导致整个地基发生固结沉降。土体中的有效应力原理可由图 2-1-1 所展现,同时也可表示为

$$\sigma = \sigma' + P \qquad (1\text{-}1)$$

式中,σ 为总应力;σ' 为有效应力;P 为孔隙水压力。

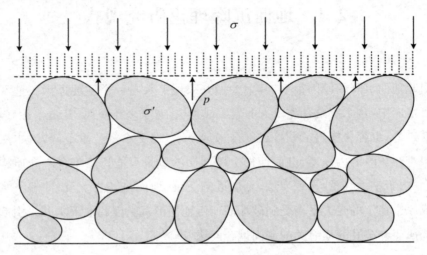

图 2-1-1　有效应力原理示意图(李丁,2018)

目前关于抽水诱发地面沉降的机理主要包括三类观点:第一类观点认为黏土层的压缩是地基沉降的主要原因,依据于黏土层的高压缩性以及低渗透性,而黏土层渗透系数的大小决定了黏土层与砂土层之间水头差的平衡时间以及黏土层和地表的沉降速率;第二类观点认为砂土层的变形是决定地面沉降大小的关键因素,主要根据含水层的实际厚度、砂土的蠕变特性以及含水层内部单元应力的不均等分布等;第三类观点则认为地面沉降的发生需要一定的先驱条件,即考虑到土体的应力历史和压硬性特征。这三类观点各有千秋,依据和假设各有不同,很难统一,需要进一步借助理论分析和数值模拟的方法来揭示软土地区地面沉降的机理。

2.1.2　饱和地基线性固结理论研究

目前关于在荷载或抽水作用下饱和成层地基一维至三维固结理论的研究及其相应的求解方法已较为成熟,已有研究成果考虑了土体自身参数的各向异性以及抽水区域的大小,但并未能考虑到实际中抽水井的竖向尺寸以及地下水位不断波动的特点,这些简化假设可能会导致理论模型的计算结果与实际产生较大的差别,因此仍需进一步探究这些因素的影响。

2.1.3　饱和地基非线性固结理论研究

土体的渗透性和压缩性会随着土体固结发生非线性变化,而这些特性的变化又会影响土体的固结性状。此外,孔隙水的渗流可能并不符合传统的达西定律。这里将非线性压缩、非线性渗透以及非达西渗流统称为土体的非线性。

现有的饱和土非线性固结理论大多基于太沙基一维固结理论框架,同时融入了各种非线性压缩和渗流模型,其解法主要包括半解析解和有限差分法,相应的求解思路和流程已较为成熟,但该理论体系不能反映出地基的水平位移,更不能用于解释地裂缝产生的成因。而基于 Biot 流固耦合理论体系的饱和土体非线性固结分析主要是针对均质地基,且求解方法和过程十分复杂,很难被推广以及改进。

2.2　地面沉降监测方法

近些年随着社会的不断发展,各国的专家、学者针对地面沉降开展了众多的研究和实践工作,基础理论和技术方法都有了很大进步。过去,对地面沉降的研究主要是集中于单一地面沉降地质灾害;现在,对地面沉降的研究不止关注地面沉降本身,更联系地裂缝、断层等多方面因素,综合分析地面沉降发生的原因。在采用的技术上,以往主要采用单一方法,现在已扩展到采用地质、测量等方法;在监测技术上,现在采用 InSAR、GPS 等多种仪器进行监测,尤其是 InSAR 技术广泛应用,研究的方法、仪器不断丰富。另外,在地面沉降对社会经济发展的影响及建立的相关法规对策方面也进行了深入的研究和实践(张阿根,2011)。

2.2.1　常规大地测量方法

随着科技的进步,对地面沉降变形监测研究方法的不断深入,变形监测精度的要求越来越高,研究技术也在不断提高(王帆,2017)。

20 世纪的变形监测方法、测量技术及仪器的使用较为初级,主要是采取常规地面测量技术和某些特殊变形监测测量手段。

常规地面测量主要采用的仪器有:经纬仪、测距仪、水准仪、全站仪等测量仪器。

特殊测量手段包括应变测量、准直测量和倾斜测量,采用特殊测量手段测量过程简单,可监测变形体内部的变形情况、容易实现自动化变形监测(杨凤芸,2012),但实际工程项目中只需提供局部的和相对的形变数据即可满足生产生活需要。

常规测量仍然是目前较多采用的监测方式。

2.2.2　摄影测量监测方法

近年来,在很多领域采用了近景摄影测量,这一技术在隧道开挖、大坝沉降、桥梁变形、滑坡及高层建筑变形监测等领域得到了普遍认可,经内业处理,近景摄影测量精度已提高到毫米级。

近景数字摄影测量技术迅猛发展,已经在矿区地表沉降山体滑坡等方面得到了成功应用,展现了其良好的应用及研究前景(Armenakis et al,2003;吴彰森,2008)。

2.2.3　应用 GPS 技术进行地面形变测量

GPS 全球定位系统近年来被广泛应用,它是测量技术史上的一场前所未有的变革。在国外,自 20 世纪中期起就已经将 GPS 应用于下沉降变形监测研究。国内运用 GPS 完成变形监测研究起步较晚,但同样在大坝变形、山体滑坡、矿区地表下沉以及地壳变形监测等方面,取得了良好的研究成果。

2.2.4　合成孔径雷达干涉测量(InSAR)

合成孔径雷达干涉测量(InSAR)问世于 20 世纪 60 年代,Rogers 等最早应用雷达干涉测量获得金星经度 $-80°\sim0°$ 和纬度 $-50°\sim+40°$ 区域的反射率(Rogers AEE et al,1969)。1972 年,Zisk S H 等用 InSAR 识别月球地面元素的雷达回波获得了月球高程信息(Zisk S H,1972)。

在研究的过程中,随着雷达可以全天候测量的优势被更多关注,学者们又发现将干涉测量的结果再次进行差分以进行形变测量。同时,在 D-InSAR 技术基础上发展起来的基于时序分析的差分干涉雷达技术也相应出现。此后,随着更多 SAR 卫星的发射,SAR 数据更加丰富,使得有更多的数据被应用于形变监测中,包括地表形变监测、矿区监测以及地震监测等(Strozzi T et al,2001;Carnec C et al,2000;Zebker H A et al,2002;Funing G J et al,2007),并且取得了不错的成果。综上所述,InSAR 技术和基于 InSAR 技术发展的干涉雷达测量技术在国外已经发展了很长时间,且被成功而广泛地应用于地表形变测量中。

近些年,随着 InSAR 技术在国外快速发展,国内许多学者也致力于对 InSAR 技术进行了一系列研究与实验,InSAR 技术在国内也被广泛的应用。

王超等人在国内最早提出于地学研究中利用干涉雷达技术;单新建先后应用合成孔径雷达技术提取了地表 DEM 信息,并用于地震震源和地震形变场的分析(单新建等,2002)。这些年国内一大批学者对 InSAR 技术的研究与应用,使得国内合成孔径干涉雷达技术快速发展并被广泛应用于地面沉降研究(杨智娴等,1999;单新建等,2004;许才军等,2010;Singleton A et al,2014)。

2.3　地面沉降研究现状

我国的地面沉降研究,是从 20 世纪 60 年代初研究上海地面沉降开始的。起初，对于上海地面沉降形成的原因，多位专家、学者提出了不同的看法。经过不断地讨论、认证，直到 1964 年，专家才基本统一观点，认为引起地面沉降的主要原因是过量开采地下水。上海市针对此情况，开始控制地下水开采，并进行地下水人工回灌工作，到 1966 年，上海地面沉降速率开始减缓。

1980 年，中国地质学会水文地质专业委员会、工程地质专业委员会和上海市地质学会在上海联合召开"地面沉降学术讨论会"，会议就地面沉降的议题展开交流和讨论，发布了关于上海市地面沉降的研究成果，指出既要控制地面沉降，又要充分利用地下水资源以及采取回灌措施等，学界对此取得了一些共识。

1990 年，在天津召开的全国地质灾害地面形变学术讨论会上，国内学者就全国各处包括上海、苏锡常、天津、安徽阜阳等地的地面沉降，发布了各自的研究成果。

2005 年"第七届地面沉降国际讨论会"在上海举行，这是首次在中国举行的地面沉降国际会议，参会的世界各国专家、学者就地面沉降的研究成果进行了交流。

总体而言，我国对地面沉降的研究在近些年有了很大的发展，无论广度还是深度，都取得了重大进步，如从地面自然沉降到地面人为沉降、从陆上地面沉降到海底地面沉降、从现代地面沉降到古代地面沉降、从人工水准地面沉降测量到 GPS 和星载合成孔径雷达干涉监测、从分层标水准监测到放射性探测、从地面沉降防治到社会决策综合制定、从地面沉降分析预测到地面沉降信息系统和三维可视化等。同时，有关地面沉降的研究课题已经从最初的实验室内模型和实验发展为室内实验与沉降区域土层模型的结合，从地面沉降的定性分析发展为定量分析，从简单的土体变形模型发展为复杂的地下水流和土体的耦合模型，从地面沉降区含水层水文特征研究发展为地面沉降与地下水资源可持续开发研究等（张阿根等，2001）。

第 3 章　研究区地质环境背景

3.1　地理与社会经济

3.1.1　位置与交通

阜阳市位于安徽省西北部,其西部与河南省相邻,本次研究区范围以阜阳市为中心,南北长约 29.4 km,东西长约 34 km,面积约 1 000 km²;地理坐标为:东经 115°37′58″~115°59′46″,北纬 32°46′17.6″~33°02′32.5″。

京九铁路纵贯境内,与漯阜、濉阜、淮阜、商阜铁路一起,使阜阳成为五路交汇、八线引入的全国六大路网性铁路枢纽之一。

阜阳机场按 4D 级标准建设,拥有国际先进的导航通信设施,可全天候使用。

公路以阜阳为中心,以 105 国道和省道为骨架;辐射全市城乡,通往毗邻省市的公路交通网络已逐步形成。界-阜-蚌高速公路、合-淮-阜高速公路、亳-阜高速、阜-六高速公路已建成通车,与在建的阜-驻高速公路共同构成阜阳市便利的高速公路网络。

阜阳市水运十分便捷,淮河、颍河等多条航道可下长江、入海,是中原通往华东的水运要塞。

阜阳已经基本形成了"铁路、航空、公路、水运"相互衔接、相互补充、纵横交错的立体交通网络。

3.1.2　社会经济概况

3.1.2.1　城市概况

阜阳,简称阜,古称汝阴、顺昌、颍州,位于安徽省西北部,华北平原南端;西北部与河南省周口市接壤,西向与河南省新蔡县相邻,西南部与河南省信阳市相接,北部、东北部与亳州市毗邻,东部与淮南市相连,南部与六安市隔淮河相望;下辖3区4县1市;全市总面积 10 118 km²,2018 年总人口 1 070.8 万人,常住人口 820.7 万人。

阜阳市位居豫皖城市群、大京九经济协作带,是中原经济区规划建设的东部门户城市之一,是东部地区产业转移过渡带。2016 年 12 月 28 日,国务院批复《中原城市群发展规划》,阜阳市成为中原城市群"东部承接产业转移示范区"之一。阜阳的代表文化是淮河文化,这里是甘罗、管仲、鲍叔牙、吕蒙、刘福通的故里,晏殊、欧阳修、苏轼曾在此为官。颍州西湖历史上曾与杭州西湖齐名,颍上县八里河风景区为国家 AAAAA 级风景区、阜阳生态园和迪沟生态旅游风景区均为国家 AAAA级风景区。阜阳剪纸、颍上花鼓灯、界首彩陶等被列入国家非物质文化遗产名录,阜南县出土的商代青铜器龙虎尊被列为中国十大国宝青铜器之一。

2018 年,阜阳市实现地区生产总值(GDP)1 759.5 亿元,按可比价格计算,比 2017 年增长 9.5%,其中,第一产业增加值 310.7 亿元,增长 3.5%;第二产业增加值 737.2 亿元,增长 10.3%;第三产业增加值 711.6 亿元,增长 11.8%。三次产业结构由 2017 年的 19.8∶41.0∶39.2 调整为 17.7∶41.9∶40.4。全年人均生产总值 21 589 元,比 2017 年增加 2 053 元。

2018 年,阜阳市亿元以上项目 546 个,累计完成投资增长 33.1%,其中新开工项目 189 个;商合杭高铁、郑阜高铁、阜阳北站扩能改造工程加快实施;昊源化工年产 50 万吨二甲醚、华铂二期技改项目建成投产,华润电厂二期、阜阳卷烟厂易地技改项目开工建设;市博物馆、科技馆、大剧院主体工程完工,阜阳新闻大厦开工建设。

阜阳市查明资源储量矿种 6 种,有煤矿、铁矿、石灰岩矿和大理石矿等,其中,查明煤矿储量 48.8 亿吨,铁矿 0.2 亿吨。

淮南矿业集团颍上谢桥煤矿位于谢桥镇,是颍上县的一家大型企业,现生产能力 700 万吨/年、配套 400 万吨/年,现扩建为 800 万吨/年。

刘庄煤矿位于安徽省阜阳市颍上县镇内,煤炭地质储量 15.6 亿吨,设计生产能力为 800 万吨/年,于 2003 年初开工建设,已于 2006 年 10 月 16 日建成试生产。

3.1.2.2 城市规划

根据《阜阳市城市总体规划(2012~2030 年)》,城市规划区范围为西至绕城公路以西 50 m,北至茨淮新河北 100 m 陆域边界,东到绕城公路以东 50 m,南至阜阳市区行政边界,规划区面积约 1 053.59 km²。

1. 城市规模

2030 年,阜阳市域常住人口预计达到 960 万左右,城市化率 65%左右;

2030 年,阜阳市中心城区人口规模预计为 200 万人,城市建设用地规模为 200 km²。

2. 城市性质与职能

(1)城市性质

阜阳市是全国著名的农副产品基地、区域性交通枢纽和豫皖省际区域性中心城市。

(2)城市职能

在国家层面上为全国重要的综合交通枢纽之一;在泛长三角层面上是新兴的能源基地;在中原经济区层面上为豫皖省际的商贸物流中心;从省域层面上看是安徽省加工制造业基地之一和循环经济基地;在皖北层面上为皖北魅力水城,生态宜居家园。

(3)城市发展目标

以建设区域性经济强市为目标,不断提高阜阳在中原经济区中的地位和作用,充分发挥阜阳在豫皖交界地区经济管理、科技创新、信息、交通、资源等方面的优势,发展城市经济,不断增强城市的综合辐射带动能力,奋力率先崛起,将阜阳建设成为产业结构合理、城乡融合发展、生态良好宜居、具有强大区域竞争力的现代化大城市。

3.2 地形地貌

阜阳市地处黄淮海大平原南端、淮北平原西部,地形平坦,地面标高一般在 26～36 m。地势总趋势为西北高、东南低,平均地面坡降约 1/8 000。本区地貌按成因形态可划分为冲积平原和剥蚀-冲积平原两大类型,按形态的差异前者可进一步分为泛滥微高地、背河洼地;剥蚀-冲积平原可进一步分为河间平地和河间洼地,详见图 3-2-1。

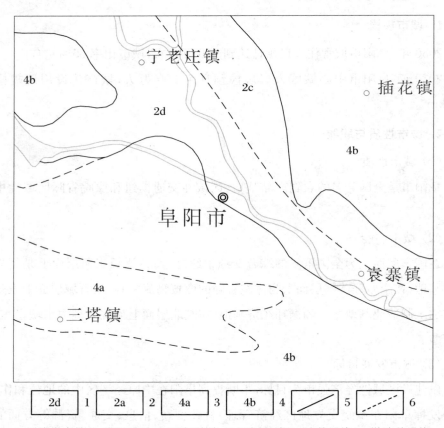

1.泛滥微高地; 2.背河洼地; 3.河间洼地; 4.河间平地; 5.地貌界线; 6.微地貌界线

图 3-2-1 研究区地貌略图

3.2.1 冲积平原

由近代河流泛滥冲积而成,区内主要沿颍河、泉河两岸呈条带状分布,地表为全新统泛滥相冲积物。

泛滥微高地(2d)

沿颍河、泉河两侧呈条带状分布,宽 0.6~2.6 km,标高 30~31 m,向远河方向缓倾,坡降约 1/1 000,比泛滥坡平地高出 0.5~2.0 m,地表由全新统粉土及少量粉砂组成,发育有天然堤和决口扇。

3.2.2 剥蚀-冲积平原

研究区内广泛分布,地形平坦开阔,地表为上更新统粉质黏土。

1. 河间洼地(4a)

分布于插花镇等地区,标高 24.0~31.0 m,地表岩性为上更新统粉质黏土。

2. 河间平地(4b)

分布于距现代河流两侧 0.25~4.5 km 以外的广大地区,地形平坦,地势开阔,海拔高程 26.0~31.0 m,局部发育微高地、微洼地,地表岩性为上更新统粉质黏土。

3.3 气 象 水 文

3.3.1 气象

研究区属暖温带半湿润季风气候,温和湿润,光照充足,雨量适中,四季分明。

根据阜阳市气象局近 30 年气象资料,区域内多年平均气温 14.9 ℃,多年平均降水量 901 mm,年最大降水量 1 618.7 mm(1956 年),年最小降水量 440.8 mm

(1953年);年内降水分布不均,降雨主要集中在每年汛期的6、7、8月份,约占全年降水量的48.3%,其中7月份降雨量最大,平均为217.9 mm。多年年平均蒸发量1 604.2 mm。最大冻结深度13 cm。主要气象要素见图3-3-1。

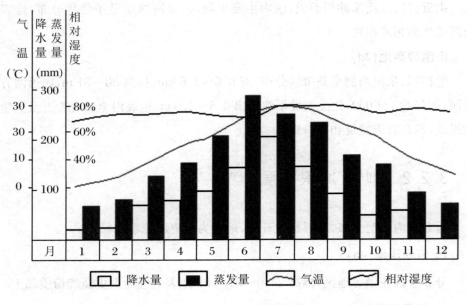

图 3-3-1　研究区气象要素图

3.3.2　水文

阜阳市区域内河流均属淮河水系,流经市区的主要河流有颍河、泉河、茨河、茨淮新河、济河、阜蒙河等,此外尚有流域面积10 km² 以上的排水大沟70余条。各河流、沟渠最终均汇入淮河。

淮河发源于河南省桐柏山,自西向东流经河南省南部、安徽省北部,至江苏省江都县三江营注入长江,河道全长1 000 km,流域面积18.7×10⁴ km²。淮河安徽段地处淮河中游,上自豫、皖交界的洪河口起,下至皖、苏交界的洪山头止,河道长度430 km,流域面积6.69×10⁴ km²。

淮河干流比降平缓,平均为0.02‰,正阳关汇纳上游干支河全部山区来水,洪河口至正阳关段流量不足1 000m³/s,正阳关至涡河口段流量为2 500 m³/s,涡河口以下至洪山头段流量为3 000 m³/s。

颍河是淮河最大的支流,斜贯阜阳市中部,自西北阜太交界处的谭庄进入阜阳市区至东南口孜镇的倒栽槐流出阜阳,进入颍上县境内。颍河在阜阳市境内的河道长 7.0 km、流域面积 339.6 km^2、年平均流量为 161.1 m^3/s。阜阳闸上多年平均水位 27.2 m,最高水位 32.38 m,最低水位 21.10 m,常年蓄水量 $1.6 \times 10^8 \sim 2.1 \times 10^8$ m^3、最大蓄水量 1.46×10^9 m^3;闸下水位变化幅度大,常年水位一般在 23 m 左右,平均流量 143 m^3/s;主要支流有泉河、茨河。

3.4　地 层 岩 性

调查区地层区划属华北地层区徐淮地层分区阜阳地层小区,地表全部被第四系覆盖,现将调查区及其周边地层由老到新简述如下(主要特征见表 3-4-1,图 3-4-1)。

3.4.1　上太古界

1. 霍邱群(Ar$_2$hq)

分布在颍东区口孜镇、杨楼孜镇以及颍上县新集镇、建颍镇、六十铺镇、耿棚镇、南照镇和阜南县朱寨镇、张寨镇一带,岩性为斜长片麻岩,角闪黑云变粒岩,斜长角闪片岩,夹混合岩,总厚度大于 1 054 m。

2. 五河群(Ar$_2$W)

分布颍东区插花镇、冉庙镇、伍明镇一带,岩性为片麻岩、大理岩、变流纹岩等,总厚度大于 302 m。

3.4.2　中生界

研究区内中生界仅存在白垩系(K),主要分布在颍东区、阜南县的局部地区,包括新庄组(K$_1$x)、张桥组(K$_2$z),岩性为砂砾岩、细砂岩、砂岩、泥岩及灰岩等,厚度大于 611 m。

3.4.3　新生界

1. 下第三系(E)

分布于界首市、太和县、临泉县、阜南县及阜阳市三区大部分地区,包括双浮组($E_1 sh$)、界首组($E_2 j$),岩性为紫红色砂砾岩、粉砂岩、泥岩等,总厚度1 205 m。

2. 上第三系馆陶组($N_2 g$)

埋藏于130～150 m以深,厚600～700 m,岩性下部为厚层含砾细至粗砂岩,泥岩与泥质粉砂岩互层;中上部为粉砂质泥岩与细砂岩互层,含铁质结核及钙锰结核;顶部(250 m以浅)主要为黏性土与砂性土互层,局部半胶结,砂层发育,累计厚可达60 m。

3. 第四系(Q)

分布全区,覆于前第四纪地层之上,厚度130～150 m,东北薄、西北厚。第四纪地层具体分层情况如下:

(1) 下更新统太和组($Q_1 t$)

分布全区,覆盖于第三纪地层之上,是一套冲积、湖相沉积地层,厚36～90 m,全组可分三段:

① 下段:浅棕黄色、灰黄色、紫红色细砂、粉土及深灰色淤泥质砂,厚12～41 m。

② 中段:浅棕红色、棕黄色、灰黄色细砂、粉砂、粉土、粉质黏土,厚15～53 m。

③ 上段:灰黄色、黄棕色粉质黏土,厚5～14 m。

(2) 中更新统临泉组($Q_2 l$)

广布全区,是一套以湖相为主的沉积地层,厚56～98 m,可分上、下两段:

① 下段:下部浅褐色、褐黄色细砂,含泥质粉砂;中部以黄棕色、红棕色、灰黄色粉质黏土及少量细砂为主;上部黄棕色粉质黏土夹浅灰色粉、细砂,厚30～53 m。

② 上段:以棕黄色、黄灰色粉质黏土、粉土互层及少量细砂层为主,富含铁锰质结核,底部夹一层6～7 m深灰色淤泥质粉质黏土,厚26～45 m。

(3) 上更新统颍上组($Q_3 y$)

广泛出露地表,总厚27.15～48.2 m,可分为上、下两段:

① 下段：黄灰色、黄棕色粉质黏土、淤泥质粉质黏土、粉砂、细砂，厚 10～27.2 m。

② 上段：黄灰色、棕黄色粉质黏土、粉土，厚 17～21 m。

（4）全新统蚌埠组（Q_4b）

出露地表，于颍河、老泉河两侧呈条带状展布，冲积成因，宽 2.6～6.5 km，厚 14.4 m。岩性主要为青灰、灰黄色粉质砂土、砂土、粉质黏土，局部地区有青灰-灰黑色淤泥质黏土、粉质黏土组成的软弱夹层。上部近河地带为极薄的灰黄色粉质砂土，向远河地带逐渐过渡为灰黄、棕黄色粉质黏土。

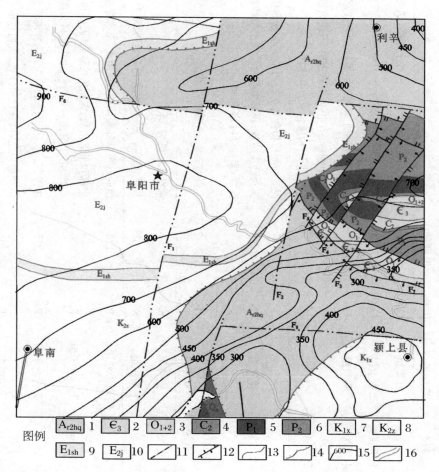

图例

| A_{r2hq} 1 | $\in_3$ 2 | O_{1+2} 3 | C_2 4 | P_1 5 | P_2 6 | K_{1x} 7 | K_{2z} 8 |

| E_{1sh} 9 | E_{2j} 10 | 11 | 12 | 13 | 14 | 600 15 | 16 |

1. 霍邱群；2. 寒武系上统；3. 奥陶系；4. 石炭系；5. 二叠下统；6. 二叠上统；7. 白垩系下统；8. 白垩系上统；9. 古近系；10. 古近系首组；11. 平移断层；12. 正断层；13. 地层界线；14. 不整合界线；15. 松散层等厚线及值(m)；16. 水系

图 3-4-1 区域基岩地质图

表 3-4-1　区域地层简表

界	系	统	地层名称	代号	厚度(m)	主要岩性
新生界	第四系	全新统	蚌埠组	Q_4b	0~14.4	灰黄、棕黄色粉质黏土、粉砂土互层，偶夹薄层粉砂
		上更新统	颍上组	Q_3y	27~48	黄灰色、黄棕色粉质黏土，具膨胀性，夹粉土、粉细砂等
		中更新统	临泉组	Q_2l	56~98	由中细砂和黏土类相间组成，底部粒度较粗，含少量砾石
		下更新统	太和组	Q_1t	36~90	下部中粗砂、中粗砂，夹黏土层，下段为粗砂与薄层黏土互层；上部黏土层以黏土、粉质黏土为主，结构紧密
	第三系	上新统	馆陶组	N	281~800	泥岩与泥质粉砂岩互层，中上部为粉砂质泥岩与细砂岩互层，含铁质结核及钙锰结核；顶部主要为黏性土与砂性土互层，局部半胶结，其砂层发育，累计厚可达 60 m
		始新统、古新统	界首组、双浮组	E	1 549~2 057	紫红色砂砾岩、粉砂岩、泥岩
中生界	白垩系	上统	张桥组	K_2z	>500	紫红色砂砾岩、砾岩
		下统	新庄组	K_1x	>611	灰黄色砾岩、砂砾岩夹粉砂岩、粉砂质泥岩
古生界	二叠系	上统	石千峰组	P_2^2	125	由砖红色砂砾岩及砂岩类组成，不含煤层
			上石盒子组	P_2^1	675	中部和下部由灰、深灰色粉砂岩、泥岩和浅灰、灰绿色砂岩组成，含煤~21层；上部由一套杂色的泥岩、砂质泥岩及砂岩类组成，不含煤层
			下石盒子组	P_1^2	215	由深灰、灰、浅灰、灰白色泥岩类和砂岩类组成，下部含煤 13~16 层
		下统	山西组	P_1^1	70	由灰黑色泥岩、灰白色砂岩、灰白色粉砂岩组成，下部含 1~3 层煤层，下部有 1~2 层菱铁薄层

续表

界	系	统	地层名称	代号	厚度(m)	主要岩性
古生界	石炭系	上统	太原组	C_2	112	由 10～13 层浅灰、深灰色灰岩与砂岩及岩类组成；局部夹铝质泥岩薄层，含煤 1～10 层
	奥陶系	中统	马家沟组	O_2m	242～258	灰、褐灰色中厚层状灰岩，含白云质灰岩。局部含燧石结核
		下统	萧县组	O_1x	215～270	上部白云质灰岩、泥灰岩为主，下部灰岩为主
			贾汪组	O_1j	10	土黄、灰黄、黄色泥质页岩，钙质页岩
	寒武系	上统	崮山组、长山组、凤山组	ϵ_3	159～350	下部为泥灰岩夹薄层鲕状灰岩，中部为钙质、泥质白云岩，上部为白云质结晶晶灰岩
		中统	徐庄组、张夏组	ϵ_2	265～563	下部为中厚层砂岩、泥岩、钙质泥岩夹海绿石灰岩、鲕状灰岩、泥灰岩；上部以鲕状灰岩和藻类灰岩为主夹白云质灰岩
		下统	凤台组、猴家山组、馒头组、毛庄组	ϵ_1	338～518	下部为硅质灰岩；中部以页岩为主夹灰岩，上部为中厚层灰岩及泥岩夹页岩
上太古界	霍邱群			Ar_2hq	>1054	霍邱群：斜长片麻岩，角闪黑云变粒岩，斜长角闪片岩，夹混合岩
	五河群			Ar_2w	>302	五河群：片麻岩，大理岩，变流纹岩等

3.5 地 质 构 造

在漫长的地质历史时期,阜阳市曾经历多期构造运动,至古生代末,阜阳市南部的南照集-新集镇、北部的伍明镇-马店孜镇形成隆起;阜阳中部、西部普遍沉陷,导致古生代地层褶皱;中生代至老第三纪时期,阜阳市中西部、东南角耿棚镇的东南部继续沉陷,堆积了数百米厚的红色碎屑岩;新第三纪以来,阜阳市整体沉陷,除东南角局部地区外,由南向北、由东向西沉陷幅度逐渐增大,堆积了厚300～900 m的松散沉积层(图3-4-1)。

研究区的构造格局划分为九龙-阜阳凹陷、闻集-伍明凸起、陈桥-潘集背斜;断裂主要呈近东西向和北东向展布,主要断裂有闻集-插花断裂、阜阳深断裂、柴集-王店断裂等,详见图3-4-1。

3.5.1 褶皱构造

1.九龙-阜阳凹陷

中心位于阜阳市西部,北至闻集-插花断裂,东到口孜集,南延出区,凹陷中心松散盖层厚度超过900 m,下部地层为下第三系陆相碎屑岩沉积,形成于燕山晚期。

2.闻集-伍明凸起

呈东西向展布,南界闻集-插花断裂,凸起轴部在伍明-闻集一带,松散盖层厚600～700 m,下部地层为下第三系陆相碎屑岩及上太元古界五河群变质岩,形成燕山期晚期。

3.陈桥-潘集背斜

是淮南复向斜内部隆起幅度较大的背斜构造。区域上组成该背斜的核部地层,除陈桥-潘集一带为寒武系和奥陶系地层外,其余均为二叠系含煤地层。背斜核部为寒武系-奥陶系碳酸盐岩和碎屑岩系地层,北翼倾角一般35°左右,局部45°～60°,南翼倾角一般10°～15°。

3.5.2　断裂构造

1. 闻集－插花断裂(F_2)

走向东西,断层面北倾,倾角约 70°,被阜阳断裂错断,北侧为上太古界五河杂岩,南侧为震旦系、古生界及下第三系等。

2. 阜阳断裂(F_3)

走向北北东,倾向北西,倾角 60°～70°,断裂宽度 5～10 km,东盘抬升,西盘下降,控制着阜南凹陷东界。

3. 柴集-王店断裂(F_4)

该断裂被阜阳断裂错移为东西两段,西段至王店集向西经阜南县柴集、临泉县张新集至河南省新蔡县,向西延出,东段至阜阳市南东侧,经口孜集延至淮南市舜耕山,全长大于 190 km;走向近东西,断面南倾,逆断层;断层两边相同地质体落差大;形成于三叠纪之后,晚白垩世晚期之前。

4. 南照集断裂(F_6)

物探解译隐伏断裂,形成于晚侏罗纪,近南北走向,倾向西,断裂两侧为霍邱群-寒武系地层。

5. 口孜集断裂(F_7)

为隐伏断裂,走向 31°,倾向不明,物探资料显示,重力异常,形成于燕山期。

6. 江口集正断层组(F_8、F_9、F_{10})

隐伏于调查区东南部,由一系列北北东向断层组成,这些断层均斜切淮南复式向斜西段,走向多为 30°左右。形成于印支-燕山期,这一方向的断层组除少数有钻孔控制外,其余推测为正断层。

3.6　水文地质条件

3.6.1　区域水文地质条件

阜阳市地下水类型为单一的松散岩类孔隙水。根据地下水的埋藏条件、水力特征及其与大气降水、地表水的关系自上而下划分为浅层地下水和深层地下水。

浅层地下水赋存于 50 m 以浅的全新世、晚更新世地层中,与大气降水、地表水关系密切,按埋藏条件可称其为第一含水层组(浅层)。

深层地下水赋存于 50 m 以深的地层中,与大气降水、地表水关系不密切,根据水文地质结构和开采现状,将松散岩类深层地下水划分为 3 个含水层组,即第二含水层组(埋深 50~150 m)、第三含水层组(埋深 150~500 m)和第四含水层组(埋深 500~1000 m),详见阜阳市含水层结构示意图(图 3-6-1)及研究区水文地质图、水文地质剖面(图 3-6-2、图 3-6-3)。

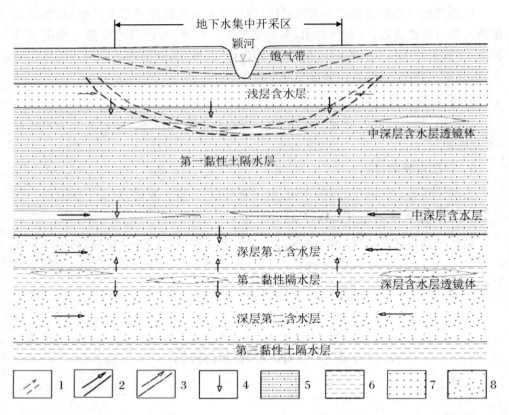

1. 潜水位和地下水流向; 2. 中深层水位和地下水流向; 3. 深层水位和地下水流向; 4. 越流或压密释水方向; 5. 亚黏土; 6. 黏土; 7. 粉细砂; 8. 细砂、中细砂

图 3-6-1　研究区含水层结构示意图

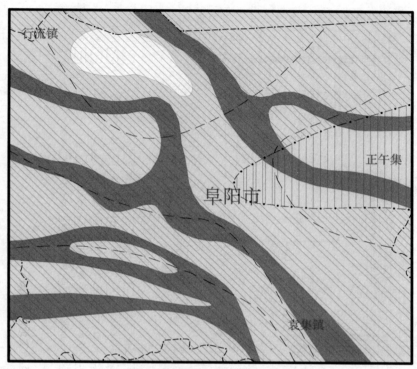

图	浅层	中深层含水层顶板埋深		单井涌水量(m³/d)		
		50~100	>100	浅层水	50~100	>100
	■	▨	⫼	1 000~3 000	1 000~3 000	1 000~3 000
		▨	⫼		500~1000	500~1 000
例	▦	▨	⫼	500~1 000	1 000~3 000	1 000~3 000
		▨	⫼		50~1 000	500~1 000
	□	▨	⫼	<500		

图 3-6-2　研究区水文地质图

1. 第一含水层组(浅层含水岩组 A)

广布全区,含水砂层顶板埋深 4.00~17.6 m,底板埋深 7.5~48.54 m,岩性主要为灰黄、棕黄色粉砂,结构松散,分选性较好;砂层厚度受古河道控制,古河道带砂层厚度最大 16~12 m。

2. 第二含水层组(中层含水岩组 B)

含水砂层顶板埋深 49.68~100.85 m,底板埋深 118.00~147.00 m;岩性主要为浅黄、棕黄、青灰色细砂、粉细砂、中细砂,结构松散,分选性较好,一般发育有 4～11 层,累计厚度 18.20~38.11 m,单井涌水量 761.00~2 556.97 m³/d。水化学类型为 HCO_3^- Na 型,溶解性总固体小于 1 g/L;研究区水位埋深为 10~40 m。

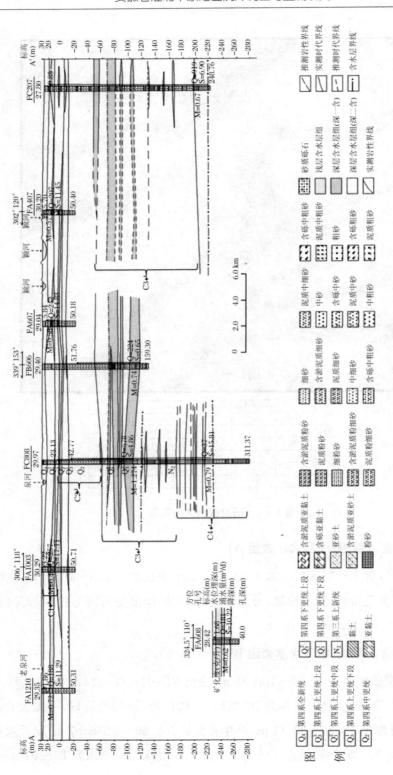

图 3-6-3　研究区水文地质剖面图

3. 第三含水层组(深层含水岩组 C)

含水砂层顶板埋深 147.50～175.70 m,底板埋深约 500 m,岩性主要为黄棕色、青灰色、灰黄色中砂、中细砂、细砂及粉砂,结构松散,分选性一般,共发育有 5～9 层,砂层累计厚度 28.32～60.70 m,单井涌水量 1 514.49～3 570.00 m³/d;水化学类型为 HCO_3^- Na 型,溶解性总固体 1 g/L 左右;调查期间,研究区水位埋深为 10～66 m。

4. 第四含水层组(超深层含水岩组)

主要由上第三系中、下段组成;含水层组埋深 500～950 m,含水砂层岩性主要为粗砂、中砂、细砂及粉砂等,结构较松散,局部呈半固结状,分选性一般;砂层共发育有 8～15 层,单层厚度 3～45 m,累计厚度＞100 m;黏性土具有单层厚度大、平面上连续性强的特点;该含水层组富水性一般,赋存低温热水,水温 25～45 ℃,水质类型多为 Cl－Na 型,溶解性总固体达 2.5 g/L 左右;单井涌水量 1 000 m³/d 左右;水位埋深小于 10 m。

3.6.2　地下水动态特征

1. 浅层地下水动态

区内地形平坦,包气带岩性以微裂隙发育的亚黏土和结构较松散的亚砂土为主,易受大气降水入渗。

现状条件下大气降水是浅层地下水的主要补给来源;区内农田灌溉较为普遍,灌溉回渗是浅层地下水另一补给来源;此外浅层地下水尚接受区域侧向径流补给,但补给较微弱。蒸发、农村居民用水开采、侧向径流是其排泄途径。

地下水流向受区域影响与河流影响的趋势明显(汛期除外)。受河流节制闸蓄水影响局部改变地下水流向,变成地表水反补地下水(节制闸附近区域)。

根据 2014 年阜阳市地下水监测资料,浅层地下水在泉河以南及阜南路以西为大于 28.00 m 的地区;颍河东阜蚌路南及颍州王店镇至三十铺南浅层地下水等水位小于 27.00 m;泉河北、阜蚌路北及其他地区为 27.00～28.00 m。

浅层地下水水位埋深一般在 2.5～4.7 m,地下水位年际变化不大,年内水位高峰出现在 7～9 月汛期,1～3 月份水位较低,其余时段水位差别较小,水位年变幅 1～2 m。

2. 中、深层地下水水位动态

人工开采是深层地下水的主要排泄方式,阜阳市的中、深层地下水是阜阳市集中供水的主要开采层位。自 20 世纪 80 年代以来,城区深层地下水的年开采量基本在 $8\,000 \times 10^4\ m^3$ 左右。

受数十年持续大量集中开采中深层地下水影响,阜阳市自 20 世纪 70 年代起即已形成地下水降落漏斗,目前以城区为中心的降落漏斗范围已超过 $1\,300\ km^2$,其中水位埋深 30 m 的范围约为 $300\ km^2$,市区漏斗中心地带中深层地下水位埋深最大已达 52.2 m。近几年来随着政府对深层地下水开采控制力度的加大,深层地下水开采量有逐年减少趋势,但地下水降落漏斗仍有继续缓慢加深、范围不断扩展之势。

阜阳市的中、深层地下水主要来自上游的侧向径流补给和微弱的浅层地下水越流补给,径流方向总体由市区外围流向阜阳市水位降落漏斗中心。受开采影响,在靠近中深层地下水降落漏斗中心的开采井附近的监测孔水位波动较大,年内水位变幅达 2~3 m;降落漏斗外围水位波动相对较小,水位呈缓慢下降后趋于平缓的趋势,水位动态曲线斜率稳定。中深层地下水水位情况详见图 3-6-4。

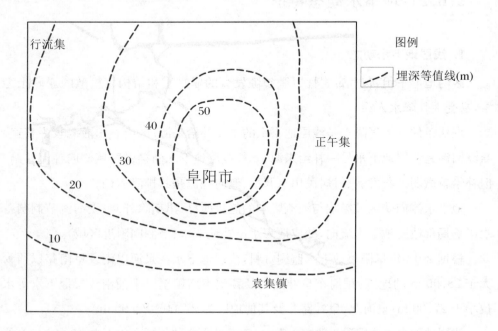

图 3-6-4　研究区中深层孔隙水等水位线图

3.6.2.3　区域水位历时动态变化情况

1. 中层孔隙地下水位埋深

由于长期大量开采中深层孔隙水,阜阳市形成近椭圆状的地下水开采漏斗(图 3-6-4),区域水位年平均水位埋深 2.47~54.55 m;高水位大部分出现在 12 月份,水位埋深 2.42~52.98 m;低水位多出现在 8~9 月份,水位埋深 2.53~55.83 m。与 2013 年相比,许堂乡粮站附近、王店镇肖郢村附近年平均地下水水位呈弱上升趋势,上升幅度 1.00~1.54 m;周鹏办事处刘堂村、闸东办事处农资总公司、程集镇附近地区呈弱下降趋势,下降幅度 0.61~1.85 m;其他地区呈基本稳定趋势。

中深层孔隙水降落漏斗面积 8 727.97 km^2,漏斗已扩展至水源地周边区域及界首市等,漏斗区全年最大水位埋深 55.83 m,年变幅 0.83 m(图 3-6-5)。

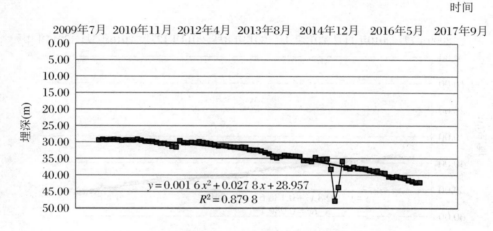

图 3-6-5　FB810 孔水位变化图

2. 深层孔隙地下水位埋深

阜阳市深层孔隙水同样为开采动态类型。深层孔隙水的补给、排泄与区域相同,地下水流向城区地下水开采中心一带,呈近似圆形的地下水开采漏斗。城区中心最大水位埋深 63.75 m,其漏斗外缘年平均水位埋深 23.79~45.68 m;高水位大部分出现在 1 月份,水位埋深 -0.34~45.77 m;低水位多出现在 12 月份,水位埋深 23.94~60.21 m(图 3-6-6)。

与 2013 年相比,漏斗年平均水位大部分呈弱下降趋势,下降幅度为 1.17~1.94 m;少数呈稳定趋势,变化幅度为 -0.29~0.22 m(图 3-6-7)。

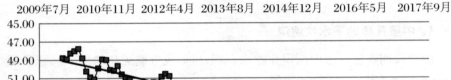

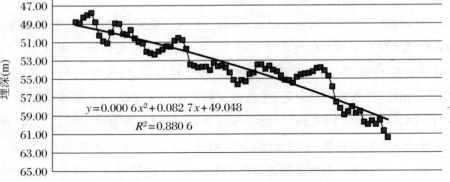

图 3-6-6　FB606 孔水位变化图

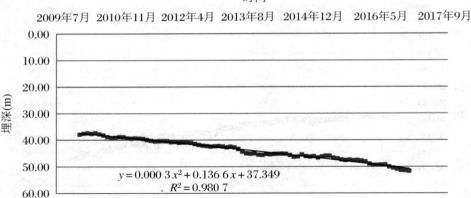

图 3-6-7　810 孔水位变化图

3.6.3　地下水补给、径流、排泄条件

3.6.3.1　补给

1. 浅层水

本区浅层水主要为降水补给,次为地表水补给、灌溉回渗和侧向补给。

（1）降水补给

降水入渗过程极其复杂，它的主要表现形式是地下水水位的升降与降水时间。影响本区降水补给的因素有降水性质、包气带岩性、厚度和地面建筑物等。

不同降水性质（降水量、降水类型、降水强度）的对降水入渗有不同影响。据阜阳市水工环详细调查资料：当降水量小于 20 mm 时，一般观测不到水位上升；降雪时，入渗量大。

研究区沿河两侧饱气带岩性为全新统亚砂土，厚 0～8 m，孔隙比 0.668～0.817，透水性强，降水入渗性好；至远河地带则为全新统亚黏土，岩性较致密，不利降水入渗；在平坦的河间平地区，发育着上更新统亚黏土，裂隙发育，透水性较强，降水入渗性较好，

阜阳市区内地表由房屋和道路覆盖，不利于降水入渗，雨后观测的水位上升幅度只有未被覆盖区的约三分之一。

（2）地表水补给

区内颍河河床底部岩性为亚砂土、细砂，两侧岩性为亚砂土，透水性好，利于河水入渗补给。在阜阳闸上至李营段区域，平水期及枯水期，因关闸蓄水，河水位高于地下水位 0.2～0.7 m，使地表水在该段补给地下水。

（3）灌溉回渗补给

勘查区内耕地面积约 350 km^2，占全区总面积的 70%，农田灌溉以地表水为主，辅以地下水，据阜阳市水工环详查报告，研究区灌溉回渗系数为 5%～10%。

（4）侧向补给

区内浅层水四周为透水边界，据阜阳市水工环详细调查资料，在区边有 4 段侧向径流补给：程集-后吴庄段补给带长 6～8 km；颍河和泉河之间补给带，枯水期长 5～6 km，丰水期长 1～2 km；岔路口-三十里铺段补给带枯水期长 4～6 km，丰水期长 6～8 km；周棚潘寨段补给带长 3～5 km。

2. 深层水

区内深层水补给来源主要为区外的侧向补给和上部浅层水的越流补给。

（1）侧向径流补给

研究区内深层水的水压比区外低，存在着区外向区内的侧向补给。研究区周边的侧向补给包含 3 部分：极少部分为区外水位下降而产生的弹性释放；一部分为浅层水向深层水的越流；大部分主要来源于西部和南部地区的侧向径流，需指出

因区外深、浅层水的水头差小和径流区的遥远,因此无论越流补给还是侧向径流,补给都是很微弱的。据阜阳市水工环境详细调查资料:第二含水层组地下水年龄67.7年,第三含水层组地下水年龄25~30年,两含水层组地下水年龄较商丘的长,说明了它们的补给途径较长,补给区较远,而第三含水层组年龄小于第二含水层组也反映了第三含水层组地下水的接受降水补给的时间周期较第二含水层组短。另外,第三含水层组比第二含水层组含水的砂层颗粒粗且连续,地下水运动通畅,矿化度低,这也说明了第三含水层组地下水比第二含水层组地下水循环快,补给便利。

（2）越流补给

浅层水向深层不越流,其越流自市中心向外逐减,但其总量不多。

在深层水中,第二、三含水层组地下水有0~30 m的水头差,两层组之间夹厚11~38 m的黏性土层,存在第三含水层组向第二含水层组的越流补给。

3.6.3.2　径流

1. 浅层水

浅层水水平径流受区域地形影响,流向自西北向东南,与近代河流走向基本一致,局部地段受地形地貌控制,流向河流和低洼处,在城郊-后吴庄一带及周棚-辛桥一带各有一条分水岭。水力坡度枯水期颍河以东为1/8 000~1/10 000;颍河以西为1/5 000左右;近河地段水力坡度为1/1 000~1/2 000,丰水期水力坡度比枯水期略缓。

地下水垂向径流以水面交替升降运动为主,向地下径流缓慢,据地下水同位素年龄测定,浅层水年龄为15~20年(取样深度15~36 m),这说明在天然状态下浅层水无明显的水位差,垂向径流缓慢,下部地下水年龄较高。随着今后对浅层水的开采,水循环条件改变,地下水年龄也将降低。

2. 深层水

20世纪五六十年代深层水尚未大量开采,地下水流向自西向东,水力坡度1/8000~1/10000。20世纪70年代后,因地下水开采,逐渐改变了地下水流向,使区内、外的地下水流向阜阳市。第二含水层组地下水在勘查区中心水力坡度约3/1000,边缘水力坡度约1/1000,在阜阳市向袁寨、杨桥、西湖农场三个方向的导水性好,水力坡度略平缓。第三含水层组水力坡度较第二含水层组平缓,在1/1000

～2/1000 之间。

3.6.3.3 排泄

1. 浅层水

区内浅层水主要为蒸发排泄,次为泄流、侧向径流、开采及越流排泄。

(1) 蒸发

本区水面蒸发量大,年均为 1 604.2 mm,地下水埋藏浅,且包气带颗粒细小,毛细上升高,因而,地下水蒸发是目前浅层水的主要排泄方式,特别是在 6～10 月份,地下水位 1 m 左右,水面蒸发强度大,地下水蒸发速度快。

(2) 泄流

区内大部分时间大部分地段地下水位高于河水位 0.3～5.6 m(距河流 20～50 m 范围内),表明地下水以线状排入河流(图 3-6-8)。

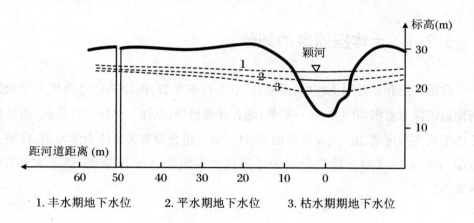

1. 丰水期地下水位   2. 平水期地下水位   3. 枯水期期地下水位

图 3-6-8 颍河泄流图

(3) 侧向径流排泄

浅层水在杨桥-袁寨一线及十二里庙-张庄一带存在 2 条排泄带,地下水均自西北向南东排泄。2 条排泄带分别长为 10 km 和 5 km。

(4) 开采

广大村镇居民生活用水及农灌用水采用浅层水。

(5) 越流

排泄区内浅层地下水水位比深层地下水水头高 10～60 m,在两含水层之间有一层厚 60～71 m 的黏性土层,使得浅层地下水通过黏性土层后向深层含水层越流,越流强度由市中心向外逐渐递减。

由于越流量远小于降水入渗量,因此未改变浅层水的区域流场,仅枯水期在市内有一个不明显的浅层水漏斗。

2. 深层水

深层水在开采前主要向下游(东、东南方向)径流和浅层地下水越流排泄。目前,因开采改变了深层水的排泄方式,即以人工开采为唯一的排泄方式(二、三含水层组间的越流属深层水内部运动)。

3.7 工程地质条件

3.7.1 土体压缩层的划分

在第四纪和新近纪土体中,天然孔隙比、压缩系数、固结速率等物理力学指标与地面沉降有着密切的关系,一般地,随着深度增加,黏性土体压缩性降低,而砂性土体的密实程度增加。主要根据地质时代、岩性组合及有关土体力学性质,将30 m以深、350 m以浅的土体划分 4 个工程地质层组和 8 个压缩层,详见表 3-7-1、表 3-7-2。

3.7.2 土体压缩层特征

3.7.2.1 第一工程地质层组:可塑状粉质黏土工程地质层组(C1)

由上更新统茆塘组(Q_3m)及部分中更新统潘集组(Q_2p)的粉土及粉质黏土组成,夹粉细砂、粉土,底板埋深 40~70 m,厚度 10~40 m,黏性土多为可塑状,局部软塑,引用《安徽省阜阳市水文地质工程地质环境地质综合详查报告》成果数据(下同),含水量 23.1%,天然孔隙比 0.657,压缩系数 0.87 MPa^{-1},高压缩性。本组为一个粉质黏土压缩层(A1)(表 3-7-1)。

表 3-7-1　工程地质层组及压缩层划分表

时代岩组	层组			压缩层		对应含水层
	代号	名称	代号	名称		
上更新统茆塘组（$Q_3 m$）	C1	第一工程地质层：可塑状粉质黏土工程地质层组	A1	上层粉质黏土压缩层		浅层含水层
中更新统潘集组（$Q_2 p$）	C2	第二工程地质层：可塑-硬塑状粉质黏土，粉细砂工程地质层组	B2	中层粉细砂压缩层		
			A3	中层粉质黏土压缩层		
			B4	中层中细砂压缩层		
			A5	中层黏土，粉质黏土压缩层		中深层含水层
下更新统蒙城组（$Q_1 m$）	C3	第三工程地质层：硬塑状粉质黏土，黏土夹粉细砂土工程地质层组	B6	中层粗砂压缩层		
			A7	中层下部黏土，粉质黏土压缩层		
			B8	深一含粉细砂压缩层		
新近系明化镇组（$N_2 m$）	C4	第四工程地质层：硬塑状黏土，粉质黏土与细砂，中细砂互层工程地质层组	A9	深层上部黏土压缩层		
			BA10	深二含细砂，中细砂夹黏土压缩层		深层含水层
			A11	深层下部黏土压缩层		

第四系

表 3-7-2　研究区地面沉降工程地质特征综合成果表

地层时代	底板埋深(m)	厚度(m)	组序	代号	层序	代号	主要含隔水层组	单井涌水量(m³/d)	主要含水层埋深(m)	岩性简述	W	γ(g/cm³)	e_0	I_P	I_L	C_c	C_s	a(100 kPa⁻¹)	E_s(100)(kPa)	C_v(10⁻² cm²/s)	P_c
Q_{3+4}	5~10	5~10				A1	饱气带为主	1000~2000	局部地区	灰黄色粉土夹薄层棕红色黏土及局部有淤泥质粉质黏土·可塑	25.5%	1.97	0.735	14.0	0.39			0.0316	60.1		
	15~45	10~40		C1	1	A1	浅层含水层	小于1000	2~5	灰黄色粉砂、细砂及粉土为主·局部中砂	19.7%	2.06	0.560	7.8	0.6			0.0095	186.4		504
	69~77	10~40	一			A3	浅层隔水层			灰黄、棕黄色粉质黏土·可塑·夹粉砂·细砂及淤泥质粉质黏土	23.1%	2.04	0.657	16.2	0.23	0.183	0.021	0.0087	205.83	2.2	830
	78~83	3~9			2	B2	中层中厚层含水层	500~1000	>3~>8	薄层-中厚层粉砂及粉细砂·粉土为主											
Q_2	92~101	10~23	二	C2	3	A3				棕黄、青灰色粉质黏土为主·可塑-硬塑·夹粉土和薄层细砂·粉细砂·淤泥·淤滤淀积层发育	22.5%~23.9%	2.03~2.08	0.617~0.674	17.2~20.2	0.081~0.27	0.215~0.218	0.018~0.024	0.0068~0.003	294.6~522.9	1.72~2.32	1020

续表

地层时代	底板埋深 (m)	厚度 (m)	岩性简述	主要含隔水层组	水头埋深 (m)	单井涌水量 (m³/d)	组序	代号	层序	代号	W	γ (g/cm³)	e_0	I_P	I_L	C_c	C_s	a (100 kPa⁻¹)	E_s (100 kPa)	C_v (10⁻² cm²/s)	P_c
	107~118	10~16	棕黄色细中砂				三	C₃	4	B4											
Q₁	124~132	9~23	棕黄、褐黄色粉质黏土，顶部1~5 m，含淤泥质粉质黏土			1000~3000	三	C₃	5	A5	23.6%	2.05	0.662	20.1	0.04	0.24	0.042	0.0112	155.9	0.31	1348
	118~147	9~14	浅红色色粉质黏土为主，硬塑，夹	中层隔水层			三	C₃	6	B6											
	148~180	20~40	棕色、灰黄色细砂、粉砂、粉土				四	C₄	7	A7	24.1%	2.025	0.666	17.3	0.008	0.229	0.021	0.0023	627.24	0.76	1450
	180~240	10~30	灰黄色细砂、粉细砂为主	深层一含26~45		1000~3000	四	C₄	8	B8											
N₂	230~260	20~50	灰绿、棕红色黏土，硬塑	深层一隔			四	C₄	9	A9	19.7%	2.07	0.579	24.4	0.113	0.139	0.019	0.0015	836.95	1.8	
	260~330	40~55	灰黄细砂、中细砂夹黏土	深层二含26~45			四	C₄	10	BA10											
	320~350		灰绿棕红色黏土，硬塑	深层二隔			四	C₄	11	A11	20.36%	2.06	0.6	18.78	-0.23	0.06	0.01	0.0007	2413		

备注:物理力学指标引用自《安徽省阜阳市水文地质工程地质环境地质综合详查报告》和其他深孔岩土测试的数据。

3.7.2.2 第二工程地质层：可塑-硬塑状粉质黏土、粉细砂土工程地质层组（C2）

由中更新统潘集组（Q_2p）组成，底板埋深 75～105 m，厚度 10～55 m（图3-7-1）。

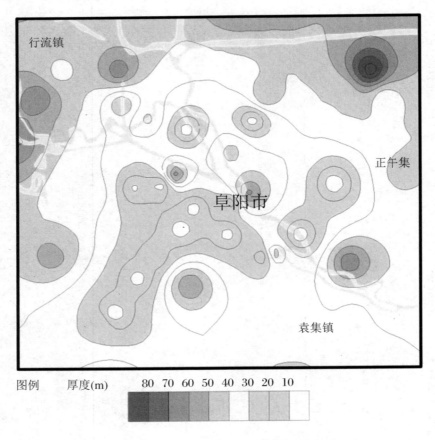

图例　厚度(m)　80 70 60 50 40 30 20 10

图 3-7-1　第二、三工程地质层组(中深层)压缩层总厚度图

1. 中层粉细砂压缩层（B2）

为薄-中厚层粉细砂及粉土，分布较稳定，局部尖灭，层底深度 50～80 m，厚度 0～10 m，一般呈中密状态。

2. 中层粉质黏土压缩层（A3）

为粉质黏土夹少数薄层粉细砂、粉土，可塑-硬塑，层底深度 75～105 m，厚度 10～55 m，含水量 22.5%～23.9%，天然孔隙比 0.617～0.674，压缩系数 0.3～

$0.68\ MPa^{-1}$,压缩性中等-高。

3.7.2.3　第三工程地质层:硬塑状粉质黏土、黏土夹粉细砂土工程地质层组(C3)

由下更新统蒙城组(Q_1m)及部分新近系明化镇组(N_2m)黏土及粉质黏土组成,夹细砂、粉砂、粉土,黏性土硬塑,含水量24.1%,孔隙比0.666,压缩系数0.23 MPa^{-1},中等压缩性,底板埋深140~240 m,厚度60~100 m,变化较大(图3-7-1)。本组共分两个砂性土压缩层(B4、B6),两个黏土、粉质黏土压缩层(A5、A7)。

3.7.2.4　第四工程地质层:硬塑状黏土、粉质黏土与细砂、中细砂互层工程地质层组(C4)

该工程地质层组属新近系明化镇组(N_2m)地层,厚度120~180 m,共分两个黏性土压缩层(A9、A11)、一个砂性土压缩层(B8)、一个砂层夹黏性土压缩层(BA10)。

1. 深一含粉细砂压缩层(B8)

处于该层组顶部,由细砂及粉细砂层组成,底板埋深150~250 m,厚度10~30 m,一般呈中密－密实状态。

2. 深层上部黏土压缩层(A9)

处于该层组上部,以黏土为主,硬塑,底板埋深190~280 m,厚度20~50 m,黏性土层含水量20.36%,孔隙比0.60,压缩系数0.15 MPa^{-1},中等偏低压缩性。

3. 深二含细砂、中细砂夹黏土压缩层(BA10)

处于该层组中部至下部,为该层组的构成主体,由数层细砂及中细砂夹数层黏性土组成,底板埋深260~330 m,厚度30~70 m,饱水,中密-密实状态;黏性土以黏土为主,硬塑,局部有钙质半胶结层,黏性土层含水量19.7%,孔隙比0.579,压缩系数0.07 KPa^{-1},低压缩性。

4. 深层下部黏土压缩层(A11)

处于该层组下部,工程地质特征与深二含黏土夹层相似,但多为厚度较大的黏性土单层,一般在350 m 未揭穿。

3.7.3　压缩层与地下水开采层位关系

阜阳市中深井深度一般在 150 m 以浅,中层主要开采层位(B4、B6)上下黏性土压缩层分别为 A1、A3、A5,压缩层厚度分别为 30～33 m、10～24 m、9～23 m,累计厚度为 49～80 m(图 3-7-2)。A1、A3、A5 及 B4、B6 是本区开采中层地下水可能引起地面沉降的主要压缩层。

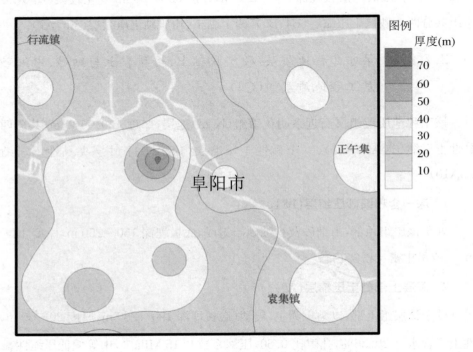

图 3-7-2　第四工程地质层组(深层)压缩层总厚度图

深井深度一般达 350 m,主要开采层位为 220 m 以深的深层含水层(B8),其相邻压缩层主要为 A7、A9 及 B8 中的黏土夹层,压缩层累计厚度 105～203 m。A7、A9 及 B8、BA10 是本区开采深层地下水所可能引起地面沉降的主要压缩层。

3.7.4　土体物理力学性质初步分析参考

主要根据引用的邻近地区的土体相关物理力学指标(表 3-7-3)对本地区土体物理力学性质进行初步分析,结果仅供参考。

表 3-7-3　黏性土压缩层主要相关物理力学指标统计表

压缩层	平均深度 (m)	孔隙比 e_0	压缩系数 a (MPa^{-1})	压缩模量 E_s (MPa)	高压固结			自重应力 P_0 (kPa)	先期固结压力 P_c (kPa)
					压缩指数 C_c	回弹指数 C_s	固结系数 C_v (10^{-2} cm^2/s)		
	5~10	0.735	0.00316	60.1				148	
A1	15~45	0.56	0.0095	186.4				663	504
A3	69~77	0.657	0.0087	205.83	0.183	0.021	2.2	923	830
A3	92~101	0.617	0.0068	294.6	0.215	0.018		1 156	1 020
A3		-0.674	-0.003	-522.9	-0.218	-0.024	1.72~2.32		
A5	124~132	0.662	0.0112	155.9	0.24	0.042	0.31	1 454	1 348
A7	148~180	0.666	0.0023	627.24	0.229	0.021	0.76	1 897	1 450
A9	230~330	0.579	0.0015	836.95	0.139	0.019	1.8	2 521	
A11		0.6	0.0007	2413	0.06	0.01			

注：土体自重应力由各层土体厚度与容重累加计算获得，砂性土容重取经验数据。

3.7.4.1　黏性土体物理力学指标垂向变化

由表 3-7-3 和图 3-7-3 可见,随着深度增加,压缩系数下降显著而压缩模量显著增大,说明黏性土体压缩变形能力降低,在相同的附加应力作用下,上部黏性土可能产生的压缩变形量会更大。

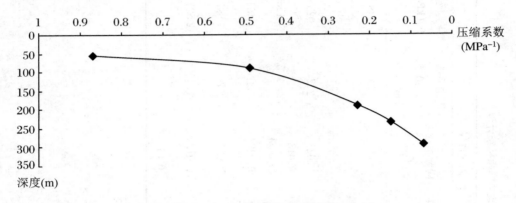

图 3-7-3　黏性土压缩系数随深度变化曲线图

对于高压固结参数,压缩指数和回弹指数总体亦是随着深度增加而减小的,亦反映出黏性土体随深度增加可压缩性降低;固结系数亦随着深度增加有所下降,反映出上部黏性土压缩固结的过程会较短,更易于压缩固结。

3.7.4.2　黏性土体固结性与压缩沉降性

通过对比自重应力(P_0)与先期固结压力(P_c)可见,本区黏性土压缩层均属于欠固结土,但上层粉质黏土压缩层(A1)、中层粉质黏土及黏土压缩层(A3)、深层粉质黏土和黏土(A5)与正常固结土差别较小,较接近于正常固结土,在天然状态下,A1、A3、A5 黏性土层是基本稳定的。

A1、A3、A5 是开采中层地下水可能引起黏性土压密释水的主要黏性土层,在大量集中开采状态下,当中层地下水的水位下降 30 m 时,附加应力即达到 294 kPa,自重与附加累积应力可达到 923~1 156 kPa,显著超过先期固结压力,会造成黏性土层较快速的压缩沉降。

深层(A7、A9、A11)黏性土压缩层属新近系沉积物,沉积时代远,半固结-固结钙化层多,构成次生"结构强度",导致自重应力明显大于先期固结压力,属较明显的欠固结土。

按目前阜阳市大量集中开采深层地下水以致水位深降 25～60 m 的水平，主要对 A5、A7、A9、A11 黏性土压缩层产生的附加应力为 245～588 kPa，根据目前阜阳、太和、临泉及界首等城市城区开采深层地下水漏斗区地面沉降明显的情况，自重与附加的累积应力应已超过"结构强度"，如果保持地下水开采现状甚或加大开采量，将导致更大速率及累积幅度的地面沉降发生。

本区颍上、阜南等县目前尚未发生明显的地面沉降，该地区的中深层地下水的水位一般小于 10 m，深层地下水的水位一般小于 20 m，说明其深层黏性土自重与附加累积应力尚未超过"结构强度"。

3.7.4.3　砂性土体的压缩性

地下水位下降同样会产生附加应力并引起砂性土体颗粒重排列压密沉降，上部 B4 压缩层以粉细砂及粉砂为主，下部 B6、B8、BA10 砂性土以细砂为主，密实度稍高于上部 B4 层，且局部有微－半胶结层，因此，总体上，上部粉细砂及粉砂层更易于压缩沉降（图 3-7-4）。

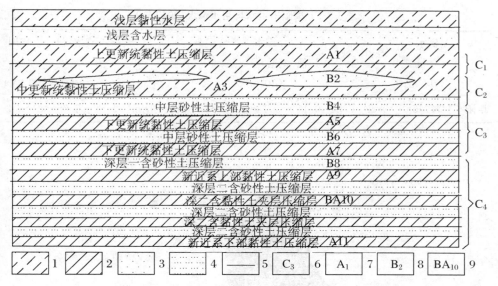

1. 亚黏土；2. 黏土；3. 粉细砂；4. 细砂、中细砂；5. 压缩层界线；6. 工程地质层组编号；7. 黏性土压缩层编号；3. 黏性土压缩层编号；8. 砂性土压缩层编号；9. 砂性土夹黏性土压缩层

图 3-7-4　研究区工程地质分层模型示意图

3.8　地下水开采现状与趋势

3.8.1　地下水开采现状

3.8.1.1　区域性地下水开采

阜阳市以地下水为主要供水水源,根据 2017 年安徽省统计年鉴数据,阜阳市地下水年供水总量为 17.46×10^9 m³,以农业灌溉供水为主,其次为工业、生活用水以及城镇公共和环境补水,人均用水量为 215.74 m³(表 3-8-1、图 3-8-1)。

表 3-8-1　阜阳市供水与用水情况(2017 年)

地区	供水总量 ($\times10^9$ m³)	地表水	地下水	用水					生态环境补水	人均用水量 (m³/人)
				其他	总量 ($\times10^9$ m³)	农业	工业	城镇公共	生活		
阜阳	17.46	9.83	7.52	0.11	17.46	10.52	3.14	0.33	2.81	0.66	215.74

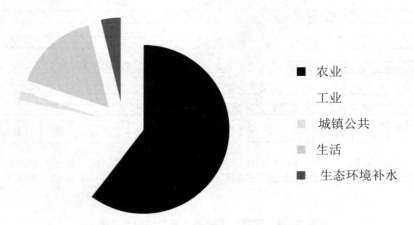

■ 农业

工业

城镇公共

生活

■ 生态环境补水

图 3-8-1　阜阳市总用水量组成比例图(2017 年)

区域性地下水开采中的大部分为农业灌溉用水,其次为城镇生活及工业供水。其中,农业灌溉用地下水基本为浅层地下水,而对深层及中层地下水的开采,主要集中于城镇及近十年来农村安全饮水工程供水。根据资料收集与本站部分城市系统调查结果,2017 年阜阳市浅及中深层松散岩类孔隙地下水开采总量达 7.52×10^9 m^3(表 3-8-2)。

表 3-8-2　阜阳市浅及中深层地下水开采量统计表(2017 年)

地区名称	浅层 ($\times 10^9$ m^3)	中深及深层 ($\times 10^9$ m^3)	数据来源
阜阳市	5.83	1.69	水资源公报

3.8.1.2　城市地下水集中开采

城市地下水集中开采主要为自来水公司供水、城区单位自备井、部分工业园区自备井开采及少部分城市规划区内及附近的农村安全饮水工程井开采,取水层位主要为深层与中深层。

阜阳市城市 100 多眼开采井主要集中分布在城市建成区内,面积约 55 km^2,井群密度高,过于集中,开采量大。区内分布地下管网,另有热电厂、沙颍河引水工程、城市桥梁等大跨度地面工程,西侧邻近商合杭高铁、阜阳飞机场等重大建设工程(图 3-8-2)。

该区内以深层一含、中层、深层二含混合开采为主,近年来有逐步向深层二含加深趋势。将地下水的开发利用以收集资料为主,由阜阳市监测站向当地水利部门收集资料。阜阳市是以地下水作为主要供水水源的城市:20 世纪 90 年代前全部开采中深层孔隙水(150 m 以浅),地下水开采量逐年递增,年开采量从 1975 年的 685×10^4 m^3 增加到 $4\,309 \times 10^4$ m^3;20 世纪 90 年代到 21 世纪初(2005 年),地下水的开采深度加大,中深层孔隙水开采量递减,深层孔隙水开采量不断增加,开采深度也加大到超过 400 m(地热水除外),地下水开采量波状增长,2007 年曾一度增至 $6\,171 \times 10^4$ m^3/a。2006 年,以地表水为供水水源的二水厂启用,地下水开采量减少到 $4\,500 \times 10^4$ m^3/a(含浅层孔隙水开采量 900×10^4 m^3/a),2009 年,二水厂施工供水井 8 眼,这原本是作为地表水补充水源的,但成为了主要供水水源,实际供水能力 1.60×10^4 m^3/d。目前,研究区自来水公司地下水总开采量约为 $4\,836 \times$

10^4 m³/a(中深层、深层孔隙水含城郊区,浅层孔隙水主要为城镇商业用水)。

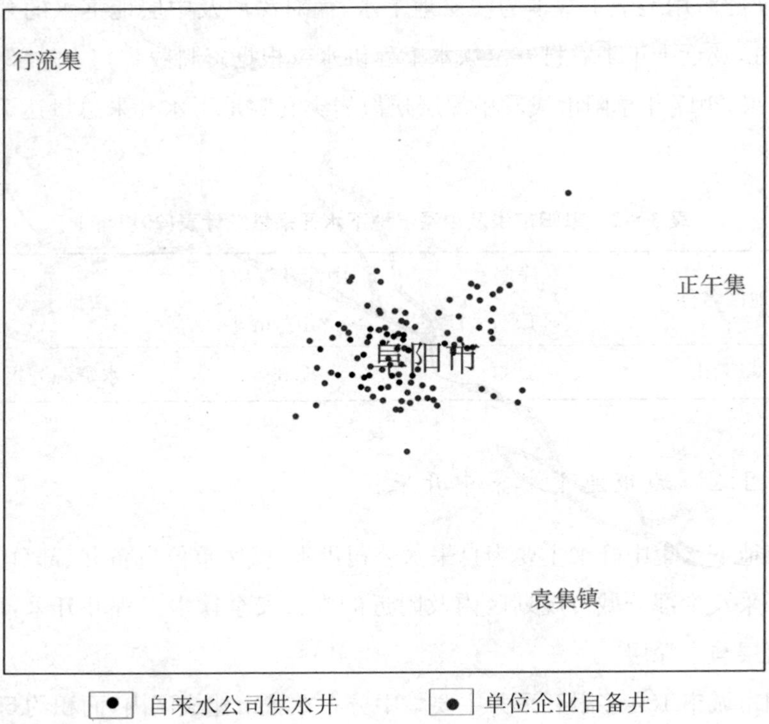

行流集

正午集

阜阳市

袁集镇

☐ ● 自来水公司供水井   ☐ ● 单位企业自备井

图 3-8-2   阜阳市中、深层地下水开采井分布图

根据《安徽省阜阳市水文地质工程地质综合详查报告》,阜阳地区地下水开采资源平均模数约为 $7.00×10^4$ m³/(km² · a),因此,研究区中深层地下水可开采资源量约为 $8\,400×10^4$ m³/a。

3.8.1.3   中深层、深层孔隙水开发利用程度

研究区对中、深层地下水的开发利用主要可分为以下两个方面:一是自来水公司集中供水开采;二是企事业单位自备井开采。

本次调查的研究区范围约 $1\,000$ km²,由于用水单位不提供实际开采量,故中深层、深层孔隙水的开采量,仅以水泵出水量统计法进行统计(表 3-8-3)。当前中深层、深层孔隙水开采量约为 $7\,398×10^4$ m³/a,开发利用程度较高,开采程度约为300.7%(表 3-8-3)。对于中深层、深层孔隙水的利用方面,生活用水约为 $4\,755×10^4$ m³/a,生产用水约为 $1\,284×10^4$ m³/a,生活、生产混合用水约为 $400×10^4$

m³/a。区内现共有中深层、深层孔隙水开采井 217 眼，城区中深层、深层孔隙水开采井密度约为 3 眼/km²，近郊区中深层、深层孔隙水开采井密度仅有 0.04 眼/km²。最深的地下水开采井为利源地热井（井深 1 071 m）；开采井深度大于 400 m 共有 2 眼，现有开采井以开采深层孔隙水的居多，中深层孔隙水混合开采井次之，这也表明研究区现状地下水开采主要层位下移，以开采深度为 150～300 m 的深层孔隙水为主。

表 3-8-3　中深层、深层孔隙水开采利用状况表

统计对象	可开采资源 （×10⁴ m³/a）	开采量 （×10⁴ m³/a）	开采程度	剩余资源 （×10⁴ m³/a）
中深层、深层孔隙水	2 460	7 398	300.7%	0

研究区的城郊区地下水开发利用程度目前整体较高，浅层地下水井分布较为广泛，这也是分布范围最广的开采层位，其开发利用形式主要以农村灌溉井和农村村民分散饮用地下水井为主。历史上主要开采 15 m 以浅的浅层地下水作为供水水源，后来由于社会经济发展导致水质恶化，使其普遍遭受一定程度的污染，加之当下打井技术的进步及农民生活水平的提高，上述地区水井开采深度大幅度增加。据调查，目前新打的水井深度基本超过 20 m，最深可达 80 m，井管多为直径 5～10 cm 的塑料管，偶可见大口径水井，取水设备以自吸泵、压水井为主，手拉井和潜水泵为辅。

研究区内广大农村灌溉机井分布广泛，其主要用于农田灌溉，成井深度一般在 30 m 左右，井径通常约为 50 cm，地下水位埋深一般 2～3 m。由于灌溉机井的成井质量不高，淤塞现象非常严重，出水量很小，多被弃用。

分散式饮用供水井在城市郊区、农村的生产、生活中起着重要的作用。以颍东区正午镇（图 3-8-3）为例，由于其经济发展较为落后，正午镇农村自来水供应的比例较低，镇上及农村生活用水以分散供水为主，主要开采浅层地下水，几乎每家都有一眼取水井，大多数饮用水井的开采深度少于 50 m，仅个别水井深度大于 50 m。

集中供水井则呈零星分布，主要分布于人口密集的乡镇、村庄及城区南部的工业园区，此类地下水开采井有 30～60 眼，开采深度一般 200～400 m，如袁寨县袁窝村（图 3-8-4）的深层地下水开采以集中供水为主，有地下水开采井 2 眼，开采深度 200 m 和 260 m。

图 3-8-3　正午镇深层集中供水井

图 3-8-4　袁寨镇袁窝村深层集中供水井

3.8.2　中、深层地下水开采量分析

阜阳市中、深层地下水开采包括中深层和深层地下水,分析目的是为了了解中、深层地下水开采量的各项补给构成,为分析地面沉降机理,校验现状地下水开采量数据收集和统计,预测中、深层地下水动态变化与地面沉降发展趋势提供依据。

3.8.2.1　分析原则

① 以本次研究区为计算范围,充分利用既有的本区和邻近地区的水文地质勘查成果资料;

② 计算方法选用水均衡法;

③ 本次不对浅层地下水资源量进行计算。

3.8.2.2　技术路线

分析方法为水均衡法,分析的技术路线为:收集整理已有地质、水文地质等成果数据→建立水文地质概念模型→确定水文地质参数→进行计算分区→地下水资源计算。

3.8.2.3　水均衡法地下水资源量计算

1. 水文地质概念模型

水文地质概念模型是水文地质条件的综合和概化,是建立数字模型的基础。本书根据具体地质、水文地质资料,建立本区水文地质概念模型(图 3-6-1)。

研究区内含水岩组岩性为松散岩类,平面上分布全区,剖面上为黏性土和砂层组成的多层结构。根据埋藏条件、水力性质及含水层之间的联系条件,将其概化为浅层、中层、深层 3 个含水层组及 4 个黏性土相对隔水层,其中,深层含水层又划分为深层一含和深层二含。

浅层地下水,水力性质为潜水-弱承压型,主要属第四系上更新统,含水层岩性以粉砂及粉细砂为主,一般有两层以上,砂层整体连续性较差;中层地下水在天然状况下的水力性质为承压水,主要属第四系中更新统,含水层岩性主要为粉细砂,中上段砂层薄,连续性较差,部分呈透镜体分布,下段砂层厚 10 m 左右,与深层一含间隔黏性土厚度 5～10 m,较薄;深层地下水在天然状况下的水力性质亦为承压

水,深层一含主要属第四系下更新统,含水层岩性为浅黄、棕黄、青灰色细砂、粉细砂、中细砂,结构松散,分选性较好,一般发育有4~11层,累计厚度15~30 m,与下部深层二含之间一般由厚于20 m黏性土相隔。深层二含含水砂层顶板埋深147.50~175.70 m,底板埋深在500 m左右,主要属新近系地层,岩性主要为黄棕色、青灰色、灰黄色中砂、中细砂、细砂及粉砂,结构松散,分选性一般,共发育有5~9层,砂层累计厚度28.32~60.70 m。

本次把中层与深层一含统称为中深层,把深层二含简称为深层,其中,中层中上段含水层薄且部分为透镜体,可忽略不计,本次将中层下段的含水层与深层一含含水层合并为中深层进行计算,其含水层底板埋深一般小于150 m。

浅层与中深层上段含水层之间的黏性土隔水层厚度一般小于20 m,局部呈连通状态;中深层与深层含水层之间一般间隔20 m以上的黏性土,且深层上段含水层薄,连续性差,主要开采层处于180~200 m以深,亦近似把150~200 m之间视为黏性土隔水层。在集中大量开采中深层及深层地下水状态下,由于水头差,浅层、中深层、深层之间可发生不同程度的越流补给。

2．水文地质参数确定

（1）数学模型

根据水均衡原理,在均衡期间,任一地段的补给量与排泄量之差等于储存量的变化量,即

$$\Delta Q_{储} = Q_{补} - Q_{排}$$

式中,$\Delta Q_{储}$ 为地下水储存量的变化量($\mathrm{m^3/a}$);$Q_{补}$ 为地下水补给量($\mathrm{m^3/a}$);$Q_{排}$ 为地下水排泄量($\mathrm{m^3/a}$)。

（2）水文地质参数确定

基础性水文地质参数主要依据《安徽省阜阳市水文地质工程地质环境地质综合详查报告》成果加以确定,主要包括渗透系数、弹性释水系数等(表3-8-4)。

表3-8-4　水文地质参数取值一览表

渗透系数（K） （m/d）	黏土、亚黏土	粉砂、粉细砂	细砂、中细砂
	7.8×10^{-5}	1~4	4~5
孔隙水弹性释 水系数（μ'）	中深层		深层
	0.000 05~0.000 8		0.000 05~0.000 6

3. 中深层及深层地下水资源分析计算

当前,阜阳市中深层及深层地下水开采井主要集中分布于阜阳市建成区及其附近,可视为城市大井法集中开采。现状中、深层孔隙水开采量主要包括:

① 侧向径流量;

② 浅层向中深层孔隙水的越流补给量;

③ 砂层的弹性释水量;

④ 黏性土的压密释水量。

(1) 中深层地下水越流补给量

计算公式如下:

$$Q_{浅越} = \frac{k_r}{m_r} \cdot \Delta H \cdot F$$

式中,$Q_{浅越}$ 为浅层孔隙水越流补给量(m^3/a);$\frac{k_r}{m_r}$ 为弱透水层越流系数(1/d);ΔH 为浅、深层孔隙水水头差(m);F 为计算区面积(m^2)。

根据本区的中深层地下水位埋深与浅层地下水位的差值,确定各地段的地下水位差;根据区内水文地质钻孔上覆第一弱透水层厚度及黏性土渗透系数计算各钻孔位置的越流系数;应用 DTM 分析生成越流系数等值线图(图 3-8-5),在等值线图基础上简并划分越流系数大小分区为 5 个区(图 3-8-6),越流量计算结果见表 3-8-5。

(2) 侧向径流补给量

根据研究区边界地下水导水系数(图 3-8-6)和水力坡度,计算各段侧向径流补给量,水力坡度根据边界附近现状中深层地下水等水位线值差进行计算取值。

计算公式如下:

$$Q_{侧} = T \cdot I \cdot L \cdot \frac{365}{10\,000}$$

式中:$Q_{侧}$ 为侧向径流补给量($\times 10^4 \ m^3/a$);T 为导水系数(m^2/d);I 为水力坡度(无量纲);L 为深层地下水侧向补给带宽度(m)。

① 中深层地下水侧向径流补给量:

中深层地下水侧向径流补给量计算结果为 $636.48 \times 10^4 \ m^3/a$,见图 3-8-6、表 3-8-6。

② 深层地下水侧向径流补给量:

深层地下水侧向径流补给量计算结果为 $2\,294.68 \times 10^4 \ m^3/a$,见图 3-8-7、表 3-8-7。

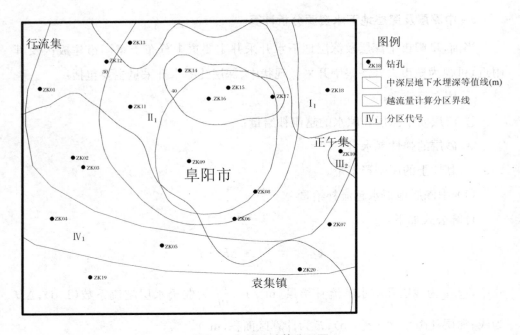

图 3-8-5　越流计算分区图

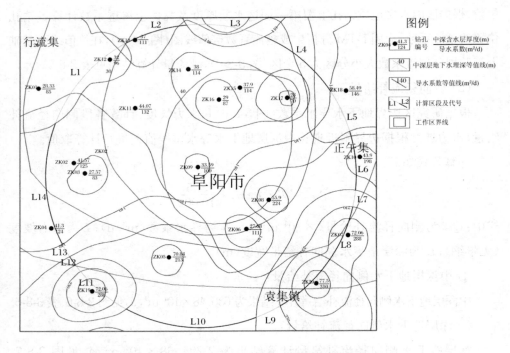

图 3-8-6　中深层含水层导水系数及侧向径流量计算分段图

表 3-8-5　中深层地下水越流补给量计算成果表

类别 分区	面积 (km²)	弱透水层厚度 (m)	越流系数×ΔH (m/d)	越流量 10⁴ m³/a
Ⅰ	120.24	5.3～20	0.000 211	926.03
Ⅱ	411.97	20～45.15	0.000 077 5	1 165.36
Ⅲ1	62.31	55～73	0.000 048 1	109.39
Ⅲ2	7.76	28.2	0.000 055 3	15.66
Ⅳ	431.71	10.02～71.78	0.000 025 7	404.97
全区	1 033.99	5.3～71.78		2 621.41

表 3-8-6　中深层地下水侧向补给量计算成果表

类别 分区	过水断面长度 (km)	导水系数 (m²/d)	水力坡度	侧向补给量 (×10⁴ m³/a)
L1	10.4	91	0.001 35	46.63
L2	6.16	111	0.001 28	31.95
L3	7.55	155	0.000 96	41.01
L4	8.32	96	0.001 79	52.18
L5	4.36	155	0.001 28	31.57
L6	5.82	185	0.001 52	59.74
L7	1.66	225	0.001 4	19.09
L8	12.11	281	0.002 01	249.65
L9	2.53	215	0.000 3	5.96
L10	12.79	200	0.000 3	28.01
L11	6.5	250	0.000 3	17.79
L12	0.99	185	0.000 83	5.55
L13	1.37	155	0.000 83	6.43
L14	12.17	111	0.000 83	40.92
全区	92.7			636.48

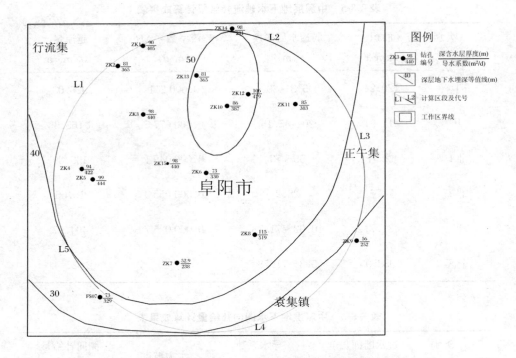

图 3-8-7　深层含水层导水系数及侧向径流量计算分段图

表 3-8-7　深层地下水侧向补给量计算成果表

类别\n\n分区	过水断面长度\n（km）	导水系数（m²/d）	水力坡度	侧向补给量\n（×10⁴ m³/a）
L1	15.14	385	0.000 7	148.93
L2	18.62	381	0.001 43	370.283
L3	30.16	387	0.003 06	1 303.64
L4	13.19	335	0.001 73	279.02
L5	15.56	398	0.000 853	192.81
全区	92.7			2 294.68

（3）弹性释水量

计算公式如下：

$$Q_{弹释} = \mu' \Delta H \cdot F$$

式中:$Q_{弹释}$为弹性释水量(m^3);μ'为弹性释水系数(无量纲);ΔH为水位下降幅度(m);F为释水区面积(m^2)。

弹性释水系数μ'取3.85×10^{-4},根据阜阳市中深层及深层地下水动态监测数据:近两年中深层地下水位平均下降速率约1.3 m/a;深层地下水平均下降速率2.0 m/a。计算区面积为1 033.99 km^2。弹性释水量计算结果为:中深层51.08×10^4 m^3/a;深层78.58×10^4 m^3/a。

(4)黏性土压密释水量

黏性土压密释水量原则上等于黏性土压缩的体积,故

$$Q_{黏释} = S_{压缩} \cdot F$$

式中:$Q_{黏释}$为黏性土压密释水量(m^3);$S_{压缩}$为黏性土压缩量(m);F为释水区面积(m^2),即计算区面积(m^2)。

压密释水的发生是由于孔隙水压力下降导致开采含水层之间和上覆黏性土层中的孔隙水向含水层压密释放所形成。根据本次研究区地面沉降高程二等水位测量结果确定不同地段地面沉降速率(图3-8-8)而计算得到黏性土压密释水总量为2 415.00$\times 10^4$ m^3/a(表3-8-8)。

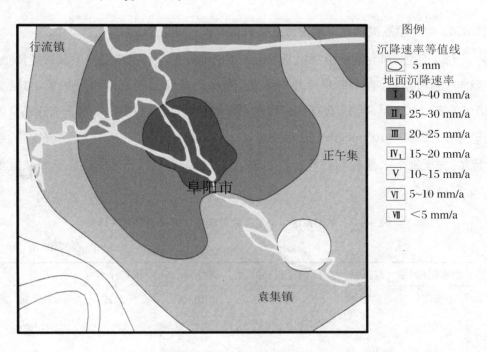

图 3-8-8　地面沉降速率分布图

表 3-8-8　研究区压密释水量计算表

计算区代号	面积(km²)	地面沉降平均速率(mm/a)	压密释水量(×10⁴ m³/a)
I	55.19	35	193.17
II1	340.98	27.5	937.70
II2	21.58	27.5	59.35
III	432.32	22.5	972.72
IV1	77.28	17.5	135.24
IV2	21.41	17.5	37.47
IV3	9.77	17.5	17.10
V	34.88	12.5	43.60
VI	17.05	7.5	12.79
VII	23.54	2.5	5.89
全区	1 034		2 415.00

4. 中深层及深层地下水资源开采总量

综上所述,研究区的中深层及深层地下水的开采总量由浅层向中深层越流量、侧向径流补给量、含水砂层弹性释水量、隔水层黏性土压密释水量构成,总量为 $8\,097.23 \times 10^4$ m^3,其中,包括压密释水及弹性释水量在内,中深层地下水开采资源量为 $5\,723.97 \times 10^4$ m^3,深层开采资源量 $2\,373.26 \times 10^4$ m^3;其中,压密释水量、越流量、深层地下水侧向径流量 3 项之和达 $7\,331.09 \times 10^4$ m^3,占开采资源总量的 90.5%(表 3-8-9)。

表 3-8-9　阜阳市区中深层及深层地下水开采资源量统计表

（单位：×10⁴ m³/a）

含水层段	越流量	侧向径流补给量	弹性释水量	压密释水量	小计
中深层	2 621.41	636.48	51.08	2415	5 723.97
深层		2 294.68	78.58		2 373.26
合计	2 621.41	2 931.16	129.66	2 415	8 097.23

根据《阜阳市水资源综合规划(2011～2030)》的成果数据,2011 年,阜阳市区"中深层"(即是本次工作所指的中深层与深层)地下水年开采量 0.76×10^9 m^3,与本次计算结果相近,由于近数年阜阳城市供水水源基本仍以中深层及深层地下水为主,而且城市发展扩张迅速,并新增开采部分乡镇农饮用水深井,因此,开采量增长是必然的。本次根据水均衡法计算的结果亦显示中深层及深层地下水开采量有所增长。

3.8.3　地下水开采发展趋势

3.8.3.1　区域地下水开采发展趋势

根据安徽省多年统计年鉴,2011～2017 年间,阜阳市地下水年开采量 $7.52 \times 10^9 \sim 9.32 \times 10^9$ m^3,基本平稳(表 3-8-10、图 3-8-9)。

表 3-8-10　阜阳市地下水年度开采量一览表(2011～2017 年)

(单位:$\times 10^9$ m^3)

城市(年份)	2011	2012	2013	2014	2015	2016	2017
阜阳	8	8.6	9.32	8.24	7.82	7.72	7.52

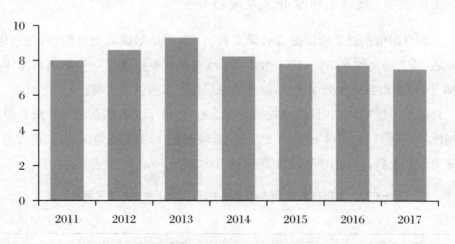

图 3-8-9　阜阳市地下水年度开采量柱状图(2011～2017 年)

根据阜阳市水资源公报,结合有关项目调查成果数据,2011～2017 年间,阜阳市地下水开采量增加显著,中、深层地下水开采量稳中有减(图 3-8-10、表 3-8-11)。

表 3-8-11　阜阳市中、深层地下水年度开采量一览表(2011～2017 年)

(单位:×10⁹ m³)

城市	2011	2012	2013	2014	2015	2016	2017
阜阳	2.83	3.17	3.43	2.87	2.88	1.69	1.69

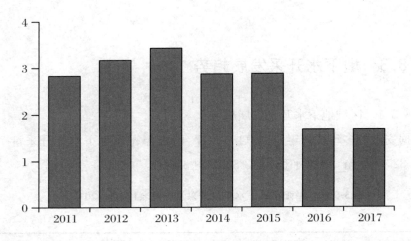

图 3-8-10　阜阳市中、深层地下水年度开采量柱状图(2011～2017 年)

3.8.3.2　城市地下水开采发展趋势

根据阜阳市水资源论证报告成果资料:1975 年阜阳镇划为阜阳市,为适应工业发展,改善居民饮水条件,1976 年 7 月,经安徽省委批准建立阜阳市自来水厂。1998 年,阜阳市自来水公司成立,以开采深层地下水为供水水源。

自来水厂建厂初期,日供水规模为 $1.1×10^4$ m³,1988 年新建了颍南井群,供水规模扩展到了 $10×10^4$ m³/d。此后,随着城市发展,不断新建深井,铺设管道,供水能力不断提高,至 2010 年,年开采量达 $5\,093×10^4$ m³,详见表 3-8-12。

表 3-8-12　阜阳市至 2010 年为止的中、深层地下水多年开采量统计表

(单位:×10⁹ m³)

统计年份	1975	1979	1981	1984	1987	1989	1993	1995
开采深井数量(眼)	36	77	93	120	168	215	229	254
年开采量(×10⁴ m³)	685	1 497	1 679	2 117	3 249	3 426	3 942	4 570
日取水量(×10⁴ m³/d)	1.88	4.10	4.60	5.80	8.90	9.39	10.8	12.52

续表

统计年份	1997	1998	1999	2003	2007	2008	2009	2010
开采深井数量（眼）	263	270	275	221	221	130	130	130
年开采量（$\times 10^4$ m³)	3 912	3 696	4 146	5 366	6 171	4 380	4 564	5 093
日取水量（$\times 10^4$ m³/d)	10.72	10.13	11.36	14.7	16.9	12.0	12.5	14.0

2010 年之后，尤其近些年来，阜阳市城市规模不断扩展，对中、深层地下水开采量显著增大，尤其是周边乡镇农村安全饮水工程井的逐步普及，已全面实施取用深层地下水，至 2017 年，中、深层地下水开采量已达 8 400$\times 10^4$ m³。

综上所述，2017 年之前，阜阳市中、深层地下水开采总体呈逐年显著增加趋势。近两年，随着周边乡镇农村安全饮水工程井全面完成及城市建设的周期性以及新的地表水源加入供给，阜阳城市及附近乡镇对中、深层地下水开采量保持在每年 8 000$\times 10^4$ m³ 水平上（图 3-8-11）。

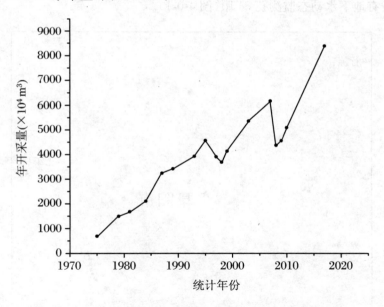

图 3-8-11　阜阳市多年份城市中、深层地下水开采量曲线图

第4章　地面沉降监测网建设

目前,阜阳市已初步建成"三位一体"的地面沉降监测网络,主要包括空中监测、地表监测及地下监测。空中监测主要为 InSAR 监测,地表监测主要由水准点、GNSS 监测点、分层标(组)、光纤孔等构成。其中,研究区共有 GNSS 监测点 58 座;分层标(组)1 组,均分布在阜阳市及其辖县;光纤孔 1 眼;二级以上水准点共 56 个,全区均有分布;地下监测主要依靠地下水动态监测孔,截至 2018 年底,研究区及周边共有地下水动态监测孔 31 眼(图 4-0-1)。

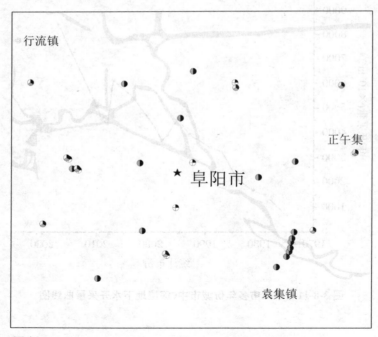

图例

   ● 浅层监测点及孔号   ◑ 中深层监测点及孔号   ◔ 深层监测点及孔号

图 4-0-1　研究区国家及省级地下水监测工程监测站点分布图

4.1　地下水动态监测网

2017 年底,研究区有地下水监测点 31 个,其中,浅层孔隙水监测点 16 个,中深层孔隙水监测点 9 个,深层孔隙水监测点 6 个,其地下水监测网点情况见表 4-1-1、图 4-0-1。地下水监测的频率为 5 天一测,即每月逢 5、10、15、20、25、30 日测量,测量项目为地下水水位和水温,监测手段包括测钟法、电表法及自计水位仪等。

表 4-1-1　阜阳市地下水动态监测孔分类统计表

监测网类型	浅层(孔)	中深层(孔)	深层(孔)	合计
研究区监测网	16	9	6	31

通过实施安徽省国家地下水监测工程项目,极大地提高了更新安徽省地下水动态监测水平和控制精度。但是,从统计可知,研究区的地下水监测孔主要用于监测浅层和中层地下水,深层地下水监测孔数仅占孔隙地下水监测孔总数的 19%。随着近十余年来深层地下水开采井不断增多和开采量总体持续性增大的趋势,区域性深层地下水监测孔的控制密度仍显不足。

当前在地下水监测网的建设及监测中,仍未考虑与地方政府相互协作,将一部分监测条件较好的中、深层地下水开采井作为统测孔进行利用;除项目性调查及资料收集外,地下水开采量的监测工作尚处于无常态化工作量设置的空缺状态。

在 20 世纪 90 年代之后,本区逐渐出现开采超深层地下水(深度大于 500 m)的地热井以及部分企业深度达到 500 m 以上的生产型地下水开采井,并处于长期大量开采状态。近 10 年来,超深层地下水开采井明显增多,部分可能处于无序状态。现有的地下水动态监测,在水位动态上和开采量方面对这类超深层地下水开采的监测基本处于空白状态。超深层地下水资源量更为稀少,过量开采所造成的如资源枯竭、地面沉降等危害可能会更严重。

综上所述,阜阳市地下水动态监测网建设与监测工作,在 500 m 以浅孔隙地下水位、水质动态方面,已基本达到区域性控制水平,但缺少横向联络与协作,且对开采量的监测严重不足;对 500 m 以深层孔隙地下水的动态监测基本处于空白状态。

这些将是以后监测工作需要加强与补充的方面。

4.2 地面沉降水准高程监测网

4.2.1 地面沉降水准高程测量网建设与监测

根据规范,地面沉降高程测量需要达到二等精度要求,阜阳市地面沉降二等水准高程测量网的初步建立,主要利用了 2017 年之前其他部门系统的一、二、三等水准点和 GNSS 测量点以及本系统项目工作所建立的二等、三等水准点与 GNSS 测量点,最早建立的水准点可上溯至 20 世纪 50 年代;2017 年阜阳市地面沉降控制区划定项目补充建立了一部分二等水准点;监测网共有 114 个监测点,其中利用已有水准点的有 36 个,新埋设的水准点 20 个,利用已有 GNSS 点的 58 个;已有水准点包括国家一等水准点 2 个,二等水准点 32 个,三等水准点 2 个(图 4-2-1)。

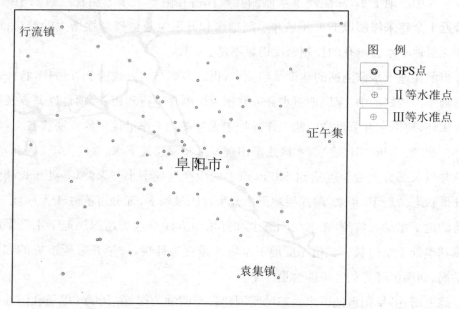

图 4-2-1 研究区地面沉降水准及专门性监测网点分布图

在 20 世纪 80 年代末至 2017 年,研究区进行了数次地面沉降专项或有关项目工作,并获得了宝贵的地面沉降高程测量数据资料,逐次补充建立了地面沉降监测网。2016 年 4～8 月完成第一期二等水准沉降观测,施测二等水准路线长往返共 1 264.3 km;2017 年 3～5 月完成第二期二等水准沉降观测,施测二等水准路线长往返共 1 116.6 km,对现状地面沉降发育区初步构建完成地面沉降水准监测网络。

4.2.2　专门性监测孔建设与监测

光纤监测孔、分层标是监测研究地面沉降垂向变化及分析其控制影响因素的重要技术手段。2015 年,阜阳市光纤孔建成、建立后持续进行了地面沉降垂向变化序列监测(图 4-3-1～图 4-3-3)。

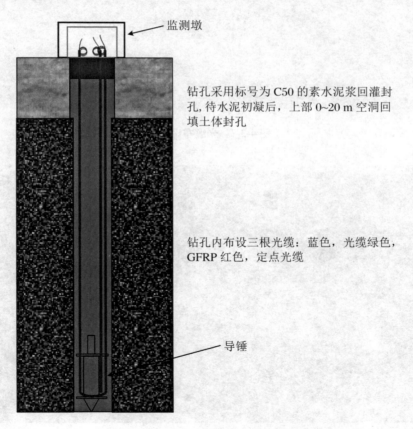

图 4-3-1　光纤监测点建立

图 4-3-2　光缆布设示意

图 4-3-3　光缆布设示意

2017～2018 年,在阜阳市区及下属各县与县级市各建立 1 处,共 6 处分层标组。由于缺少可靠的基岩标对照,主要对阜阳市分层标组进行了序列监测工作。

通过对本区一处光纤孔和阜阳分层标的序列监测,获得了不同典型地区的地面沉降垂向变化数据,为分析地面沉降垂向变化及预估发展趋势奠定了一定的基础。

4.2.3　行业部门开展高铁沿线地面沉降专项监测工作

地面沉降对高速铁路正常和安全运行的影响已经成为一个不可回避的问题,铁路部门在高铁轨道沿线建立了精密的水准测量网,用于获取沉降发育地段轨道设施变形信息,用于铁路梁面高程修正,其中自 2016 年开始,对商合杭线开展年度性的二等水准测量工作。

4.3　InSAR 遥感监测

在 2017 年的项目开展过程中,在进行地面沉降二等水准高程测量的同时,对研究区进行了全面的 InSAR 遥感解译,对水准测量结果进行了相互验证,一定程度上弥补了当前二等水准测量网建设尚未完善的问题。

2017 年,在研究区开展了地面沉降 InSAR 遥感解译工作,一定程度上弥补了本区深层基岩标空缺和水准监测工作无常态化保证的问题。但区域性 InSAR 遥感解译尚不能替代二等水准监测与专门性监测,显示在部分地带与水准及专门性监测结果相差较大。因此,开展针对本区地面沉降严重地段(带)更高精度的地面沉降 InSAR 遥感解译是必要的。

第 5 章 地面沉降特征与危害

5.1 地面沉降类型

5.1.1 地面沉降类型

分构造沉降、抽水沉降和采空沉降 3 种类型。

1. 构造沉降
由地壳沉降运动引起的地面下沉现象。

2. 抽水沉降
由于过量抽吸地下水(或油、气)引起水位(或油、气压)下降,在欠固结或半固结土层分布区,土层固结压密而造成的大面积地面下沉现象,阜阳市地面沉降就是由该原因造成的。

3. 采空沉降
因地下大面积开采石油、天然气,采空引起顶板岩(土)体下沉而造成的地面碟状洼地现象。

5.1.2 地面沉降模式

按发生地面沉降的地质环境可分为三种模式:

1. 现代冲积平原模式

如中国的几大平原。

2. 三角洲平原模式

尤其是在现代冲积三角洲平原地区,如长江三角洲就属于这种类型,常州、无锡、苏州、嘉兴、萧山的地面沉降均发生在这种地质环境中。

3. 断陷盆地模式

它又可分为近海式和内陆式两类:近海式指滨海平原,如宁波;而内陆式则为湖冲积平原,如西安市、大同市的地面沉降可作为代表(何庆成,2006)。

安徽省地面沉降属现代冲积平原的抽水沉降类型,其中大部分为集中开采及分散开采中、深层地下水导致地下水水位下降造成的,近些年,亦发现有较大地面建筑工程抽降水造成的局部地面沉降。

5.2　地面沉降特征

安徽省地面沉降有记载的最早发生于 20 世纪 70 年代的阜阳市,但当时的地面沉降量不足 100 mm。进入 20 世纪 80 年代后,随着中、深层地下水的开采量急剧增加,地面沉降范围扩大了 7 倍多(杨则东,2007)。在 1980～1990 年,地面沉降范围逐渐扩大超出阜阳市区。收集水准测量历史资料,对比分析结果显示:市区地面沉降呈近椭圆形浅漏斗,长轴约 25 km,方向为北西-南东,短轴约 21.2 km,方向为北东-南西;最大沉降范围 410 km²,沉降大于 100 mm 的范围为 162 km²;1980～1990 年累积最大沉降量为 817.6mm,沉降速率 73.39 mm/a;1990～1995 年沉降速率 25.48 mm/a。从 20 世纪 90 年代初开始,由于阜阳市开始控制承压水的开采(特别是 50～150 m 含水层位),承压水开采总量保持平稳波动状态,与承压水水位呈下降趋势一致,阜阳市地面沉降中心沉降量和沉降范围的增长趋势也有所减缓(图 5-2-1)。1995～2001 年累积沉降量 220 mm,沉降速率 36.7 mm/a,2017 年底根据水准测量,地面沉降增长趋势又有所加重,市区地面沉降面积扩大,沉降漏斗面积约为 1 200 km²,研究区各处均有不同程度沉降,累计最大沉降量 1 838.2 mm,

中心沉降速率超过 35 mm/a(图 5-2-1)。分析表明,地下水开采漏斗中心区与地面沉降中心基本相符,地面沉降的发生发展与中、深层孔隙水的开采变化密切相关,并且表现为其水位的变化特征显著,目前地面沉降范围已超出阜阳市区并与太和、临泉、界首等县(市)沉降区连为一个区域性沉降整体(表 5-2-1、图 5-2-2)。

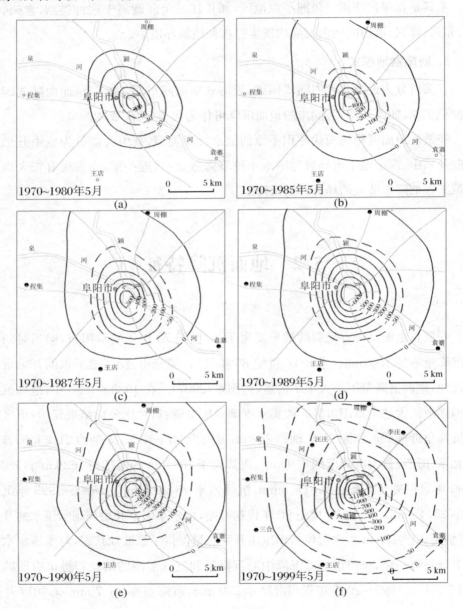

图 5-2-1　阜阳市地面沉降分布图(1970~1999 年)

表 5-2-1　地面沉降中心历年沉降量变化情况一览表

年月	1980 年 5 月	1985 年 5 月	1987 年 5 月	1989 年 5 月	1990 年 9 月	1995 年 8 月	2001 年 1 月	2002 年	2008 年	2017 年
沉降量（mm）	−83.7	−382.9	−533.8	−744.5	−817.6	−1 198	−1 418	−1 501.82	−1 567.2	−1 836
沉降速率（mm/a）	59.84		86.94		76.08	47.40		10.90		35

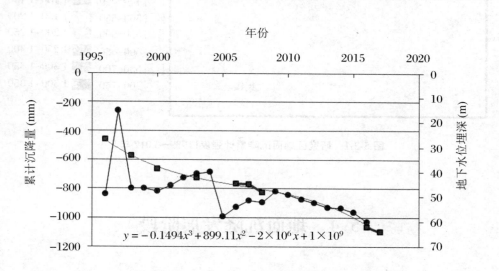

$$y = -0.1494x^3 + 899.11x^2 - 2 \times 10^6 x + 1 \times 10^9$$

图 5-2-2　阜阳城区 FBG606 孔沉降量与水位对比图（1996～2017 年）

5.3　地面沉降现状

2017 年之后，研究区地面沉降仍处于持续发展状态。沉降遍布整个研究区，划定大于 10 mm/a 地面沉降区范围达 993.41 km²（图 5-3-1），主要分布于中西部各城市及县城地下水集中开采区，其中，10～30 mm/a 区累积面积 938.22 km²，占沉降区（＞10 mm/a，下同）总面积的 90.74%；30～40 mm/a 区累积面积 55.19 km²，占沉降区总面积的 5.34%。

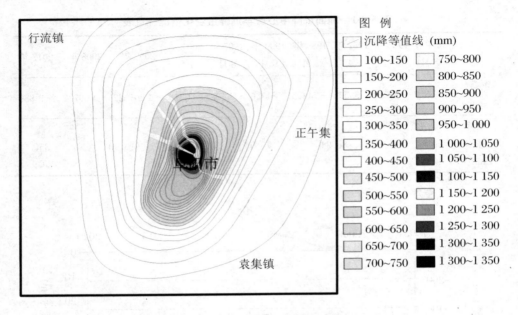

图 5-3-1　研究区地面沉降累计强度（1989～2017 年）

5.4　地面沉降发展阶段

根据"安徽省阜阳市水文地质工程地质环境地质综合详查"项目结果（1991年）和"安徽省阜阳市地面沉降调查"（2014 年）项目；阜阳市地面沉降控制区范围划定成果（2017 年）等不同时期地面沉降调查与监测数据，可将阜阳市地面沉降发展划分为 5 个时期。

1. 地面沉降初始缓慢期（约 1980 年之前）

1980 年之前，由于地下水开采量小，地面最大沉降量不足 100 mm，地面沉降速率一般小于 10 mm/a（图 5-4-1）。

2. 地面沉降前段快速-稍慢期（1990～2000 年）

1980～1990 年，中、深层地下水开采量急剧增大，地面沉降亦随之加快发展，至 20 世纪 90 年代初，中心区域这一阶段地面沉降量已大于 700 mm，沉降速率一般 30～60 mm/a，较大可达 110 mm/a（图 5-4-2）；1990～2000 年，地面沉降速率 40

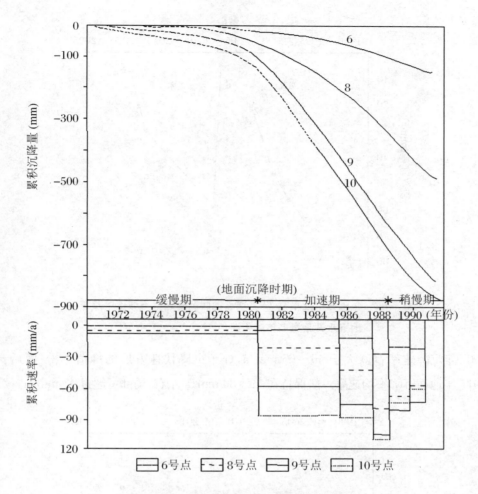

图 5-4-1　NE 线监测点各时期地面沉降历时

～80 mm/a,呈较缓慢减弱趋势,至 1999 年中心区域地面沉降量达 1 400 mm。

3．地面沉降中间衰减期(2000～2007 年)

这一时期阜阳城市中、深层地下水开采量呈较快增加趋势,但地面沉降速率趋缓,这说明以中层地下水开采为主因的压缩层变形已进入中后期的缓变阶段,城市集中供水由中深井向深井发展可能减少了一部分中层地下水的开采。2000 年阜阳市中心沉降量为 9.29 cm,至 2007 年,阜阳市地面沉降速率已降至一般小于 20 mm/a。

4．地面沉降中后高峰值期(2007～2017 年)

这一时期主要由于深层地下水量的集中与区域性开采大幅度增加,引起深层地下水位快速下降,即进入类似中压缩层的快速变形期(图 5-4-3、图 5-4-4、图 5-4-5),

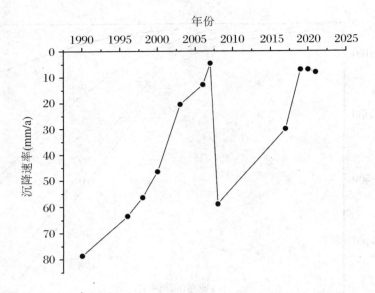

图 5-4-2　阜阳城市区阜蒙 27 水准点地面沉降速率与城市中及深层
地下水开采量多年变化图

2007 年沉降速率普遍大于 40～65 mm/a，处于沉降快速发展的峰值年份；而后至 2017 年地面沉降平均速率一般保持在 10～30 mm/a 左右，局部可超过 40 mm/a。

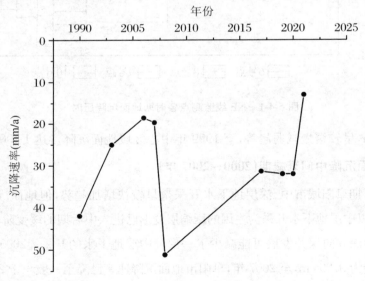

图 5-4-3　阜阳城市区 360 水平点地面沉降速率与城市中及深层
地下水开采量多年变化图

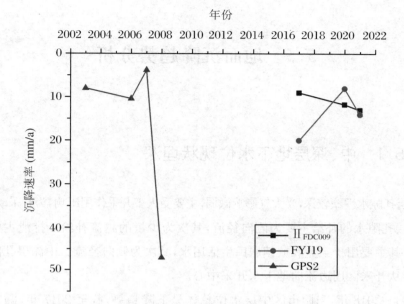

图 5-4-4　阜阳城市区附近(南部)三处水平点地面沉降速率与城市中及深层
地下水开采量多年变化图

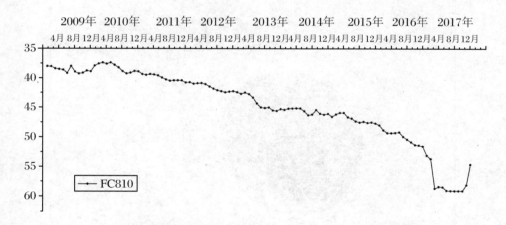

图 5-4-5　阜阳城市区 FC810 孔 2004～2017 年水位埋深逐月历时曲线图

2017 年之后,阜阳市区地面沉降较快区域明显整体向北偏西偏移,而南部地面沉降速率有所减缓。至 2017 年底,阜阳市区累积中心最大沉降量达 1 838.2 mm(Ⅱ阜蒙 27)。

5.5　地面沉降趋势分析

5.5.1　中、深层地下水位现状埋深

中层孔隙水埋藏较深,受大气影响微弱,主要受人工开采作用影响,为开采动态型。

中层孔隙水的补给主要为侧向径流,其次为少量的越流补给。排泄主要为人工开采,其主要用于工业和城镇居民生活用水,其次为侧向径流。中深层孔隙水的流向,为从开采区周边流向地下水开采中心。

2004～2018 年,阜阳市区中层水位总体呈下降趋势,截至 2017 年,漏斗中心水位埋深达 60 m,面积扩大到 366 km²(图 5-5-1)。

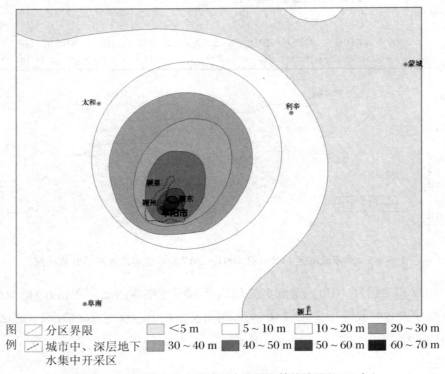

图 5-5-1　阜阳城市区中层地下水位埋深等值线图(2018 年)

2004～2018 年,阜阳市区水位总体呈现持续下降态势,阜阳市 FC810 孔水位埋深由 48.05 m 下降到 59.47 m(图 5-5-2),2010～2018 年,阜阳市地下水漏斗中心 FY01 孔间水位埋深由 56.42 m 下降到 81.13 m(图 5-5-3)。

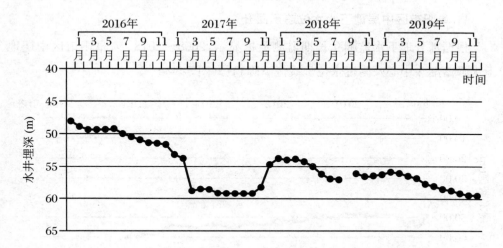

图 5-5-2　阜阳 FC810 孔深层地下水位月平均埋深曲线图(2016 年 1 月～2019 年 12 月)

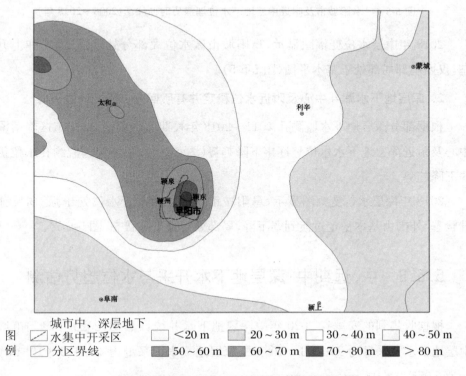

图 5-5-3　阜阳城市区深层地下水位埋深等值线图(2018 年)

5.5.2 中、深层地下水位趋势

1. 阜阳市区中层地下水水位趋于回升

根据部分地下水监测孔长期监测数据显示,2008~2018 年,阜阳市区中层地下水降落漏斗中心及附近水位呈缓慢下降趋势(图 5-5-4)。

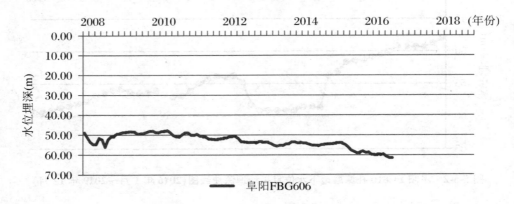

图 5-5-4 阜阳城市及附近中层地下水位埋深历时曲线图(2008~2018 年)

2018 年中层水位变幅图显示,阜阳城市区水位大部分处于强-弱反弹上升状态,仅西南部局部处于基本平衡(图 5-5-5)。

2. 深层地下水漏斗中心及附近水位稳定并有所回升,外围弱-强下降

根据部分深层地下水监测孔 2011~2018 年长期监测数据,阜阳市区降落漏斗中心及附近深层地下水水位呈逐年下降趋势(图 5-5-6),距离较远监测孔水位仍呈弱下降趋势。

2018 年深层水位变幅图显示,阜阳城市区中心及附近水位处于强-弱反弹上升状态,外围由基本稳定过渡到弱下降,局部处于强下降状态(图 5-5-7)。

5.5.3 中、远期中、深层地下水开采与水位趋势估测

根据收集到的安徽省 2020 年中深层地下水井统计数据,2020 年阜阳市城区中层地下水开采量为 2 014.1×10⁴ m³,深层地下水开采量为 4 041.1×10⁴ m³,合计为 6 055.2×10⁴ m³。

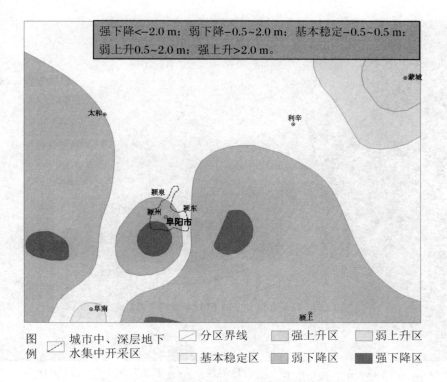

强下降<-2.0 m；弱下降-0.5~2.0 m；基本稳定-0.5~0.5 m；弱上升0.5~2.0 m；强上升>2.0 m。

| 图例 | 城市中、深层地下水集中开采区 | 分区界线 | 强上升区 | 弱上升区 | 基本稳定区 | 弱下降区 | 强下降区 |

图 5-5-5　阜阳市区中层地下位水变幅图(2018 年)

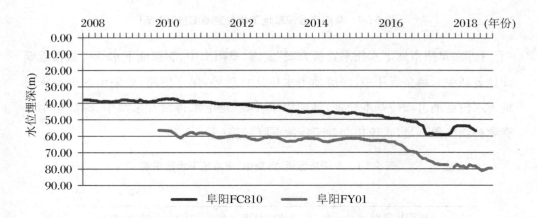

阜阳FC810　　阜阳FY01

图 5-5-6　阜阳城市及附近多年深层地下水位埋深历时曲线图(2008～2018 年)

　　"阜阳市地下水压采置换方案"(2020 年)中的中、深层地下水压采目标：采用封存备用、永久填埋方法,对阜阳市区近期至 2025 年,实现压采量为 $3\,133.8×10^4$ m^3,约为 2020 年开采量的一半；远期至 2030 年再压采 $249.1×10^4$ m^3,累计压采量为 $3\,382.9×10^4$ m^3。

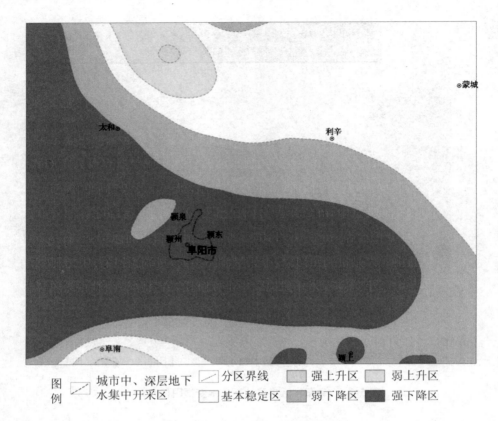

图例　城市中、深层地下水集中开采区　分区界线　强上升区　弱上升区　基本稳定区　弱下降区　强下降区

图 5-5-7　阜阳市区深层地下水位变幅图(2018 年)

　　按照"阜阳市地下水压采置换方案"实施,阜阳市中、深层地下水开采量在近期即显著减少。结合近年中、深层地下水位变化趋势,保守估测,阜阳市区中及深层地下水位近期可保持基本稳定;远期因中、深层地下水持续开采及中、深层地下水资源补给来源不足,水位仍会处于持续下降趋势(表 5-5-1)。

表 5-5-1　阜阳市区近、远期中、深层地下水压采表

（单位：×10⁴ m³）

开采井类别	近期(2025 年)	远期(2030 年)
市政	1 780	0
自备	566.5	31.6
农饮	787.3	217.5
合计	3 133.8	249.1

5.5.4　地面沉降趋势估测

5.5.4.1　地面沉降量现状

1. 最大沉降量对比

根据"安徽省阜阳市水文地质工程地质环境地质综合详查"报告成果,定水位埋深 60 m,中层地下水开采可引起的最大地面沉降量为 1 483.9 mm;其中,黏土层为 1 255.6 mm;砂层为 228.3 mm;黏性土沉降量占总沉降量的 84.6%,砂层的沉降量占总沉降量的 15.4%(表 5-5-2)。

表 5-5-2　最终沉降量计算成果表(FBG606 孔)

层序	深度(m)	岩性	厚度(m)	压缩指数	天然孔隙比	附加应力(kPa)	弹性模量	回弹压缩指数	最终沉降量(mm)	累积沉降量(mm)
1	40~60	黏性土	20.0	0.0203	0.6814	93.1			174.1	
2	60~79.1	黏性土	19.1	0.2597	0.6634	289.1			370.8	
3	791~100.8	黏性土	21.69	0.2450	0.6416	480.2			513.4	
4	100.8~113.7	砂性土	12.9	0.1563	0.7210	588.0	976.87		64.5	
5	113.7~118.6	砂性土	4.9	0.2162	0.6273	588.0	976.87		24.5	1 483.9
6	118.6~131.7	黏性土	13.1	0.2643	0.6737	588.0			146.6	
7	131.7~146.7	砂性土	15.05	0.1703	0.6678	588.0	836.95		75.3	
8	146.7~156.4	砂性土	9.7	0.2025	0.5295	588.0	936.95		64.0	
9	156.4~159	黏性土	2.6	0.2100	0.6033	588.0		0.037	50.8	

根据中心区 FBG606 孔处的最大累积沉降量,结合阜阳市地面沉降发展阶段的沉降速率特征,可以看出,在 2007 年之前地面沉降中间衰减期,以长期开采中层地下水为主的状态下,地面沉降速率已逐渐低至 10 mm/a 左右,中心沉降量达1 600 mm(其中应有少部分为深层压缩沉降量),一定程度上说明中层地下水开采中心区域压缩沉降量已接近最大沉降量,之后即进入由中层压缩转向中、深层共同压缩的过渡阶段。

阜阳市区 2019~2020 年分层标观测结果显示地面沉降量主要来自于 150~

350 m 的深层黏性土层及砂层的压缩：从表 5-5-3 可见，FK01 分层标组 2019 年 7 ～12 月累积沉降量 17.85 mm，其中，50～150 m 压缩沉降量 14.77 mm，150～350 m 压缩沉降量 34.29 mm，350 m 以深压缩变形量回升量 31.02 mm。深层沉降量变形速率达到十分严重的程度。

从表 5-5-4 可见，2020 年阜阳市 FK01 分层标组累计沉降 6.92 mm，其中深层压缩变形量 5.22 mm，主要贡献层依然为深层，相较 2019 年沉降量有显著减少，推测为深层地下水位回弹所致（图 5-5-4）。

表 5-5-3　阜阳市 2019 年度 FK01 分层标组压缩层累积沉降量表

时间 分层	2019 年 7 月 (mm)	2019 年 8 月 (mm)	2019 年 9 月 (mm)	2019 年 10 月 (mm)	2019 年 11 月 (mm)	2019 年 12 月 (mm)	累计沉降量 (mm)
50～150 m	−6.37	−1.56	−1.99	−2.35	−1.65	−0.85	−14.77
150～350 m	−11.42	−2.08	−8.12	−1.59	−8.10	−2.98	−34.29
350 m 以深	13.43	0.73	6.84	1.30	6.10	2.81	31.20

表 5-5-4　阜阳市 2020 年度 FK01 分层标组压缩层累积沉降量表

时间 分层	2020 年 01 月 (mm)	2020 年 03 月 (mm)	2020 年 06 月 (mm)	2020 年 07 月 (mm)	2020 年 09 月 (mm)	2020 年 10 月 (mm)	2020 年 12 月 (mm)	累计 沉降量 (mm)
50～150 m	−1.45	1.45	−0.85	−0.01	−2.26	−2.32	0.22	−5.22
150～350 m	−3.98	3.98	−1.21	0.58	−4.51	−0.17	0.09	−5.22
350 m 以深	3.00	−3.00	−1.34	0.32	5.05	0.01	−0.52	3.52

由于深层黏性土与砂层的可压缩性均较低以及普遍存在半胶结固化现象，具有一定的次生抗压强度，因此，在深层地下水位相当降深值以内，深层压缩层变形量显著低于同降深中层压缩层。推测认为，如果保持深层地下水位埋深接近 70 m 不变，阜阳市区深层压缩变形沉降，现状未接近最大沉降量值，仍具有较大的沉降量区间。

2. 现状累积沉降量

2018 年阜阳市地面沉降累积沉降量图显示（图 5-5-8），市区地面沉降累积沉降量一般为 200～300 mm，市区南部累积沉降量为 100～200 mm；累积沉降量大于

400 mm 的阜阳市中心城市及附近地面沉降漏斗区域约 235 km², 漏斗中心最大沉降量 1 838.2 mm(Ⅱ阜蒙 27), 漏斗西侧已达商杭合高铁线路。

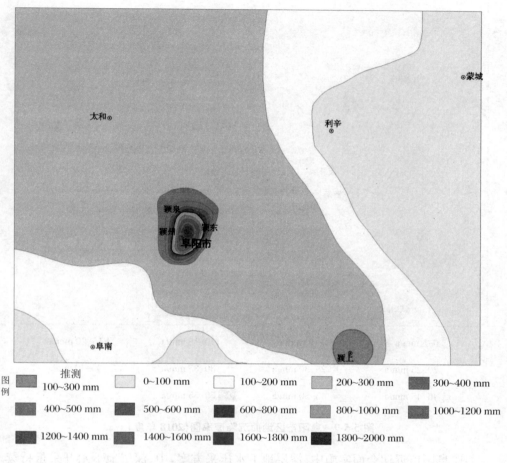

图例	推测100~300 mm	0~100 mm	100~200 mm	200~300 mm	300~400 mm
	400~500 mm	500~600 mm	600~800 mm	800~1000 mm	1000~1200 mm
	1200~1400 mm	1400~1600 mm	1600~1800 mm	1800~2000 mm	

图 5-5-8　阜阳市区地面沉降累计沉降量图(2018 年度)

5.5.4.2　地面沉降速率趋势

1. 地面沉降现状

根据多期地面沉降二等水准测量及 InSAR 解译数据:研究区中心最大沉降速率大于 40 mm/a, 阜阳市城区沉降速率在 25～35 mm/a, 城区外围沉降速率较小, 均在 0～10 mm/a 之间(图 5-5-9)。根据 2014～2019 年光纤监测结果,该区累计沉降量约 106.827 mm,(年均沉降速率 17.804 5 mm),其中 2017 年产生了较为明显的沉降变形,约为 23.8 mm,说明阜阳市区地面沉降仍处于下降趋势(图5-5-10)。

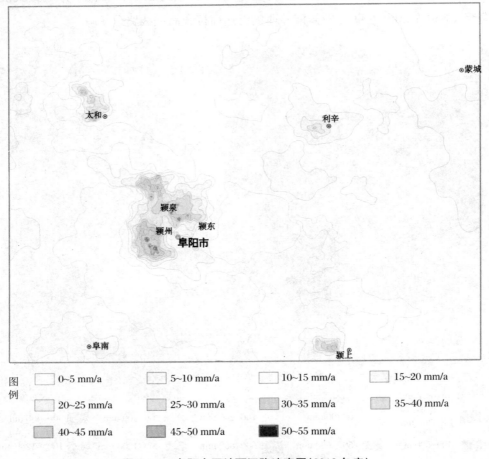

图例

0~5 mm/a	5~10 mm/a	10~15 mm/a	15~20 mm/a
20~25 mm/a	25~30 mm/a	30~35 mm/a	35~40 mm/a
40~45 mm/a	45~50 mm/a	50~55 mm/a	

图 5-5-9　阜阳市区地面沉降速率图（2018 年度）

① 阜阳市近期全面实施中、深层地下水压采方案,中、深层地下水开采量持续显著减少,目前中、深层地下水位基本稳定-局部反弹。与往年相比,地面沉降速率变化不大,局部地面沉降速率减缓。

② 如果 2020 年中、深层地下水开采量保持不变,地下水侧向补给量不足,地下水水位将持续下降,地面沉降速率将会进一步加剧。

2. 远期（2030 年）

根据"阜阳市地下水压采置换方案"（2020 年）,至 2030 年,阜阳市区中、深层地下水仍将保持一定的开采量,由于中、深层地下水开采侧向径流补给不足,随深度增大,水资源一般有枯竭的趋势,在开采量较小的状态下亦可能达到较大水位降

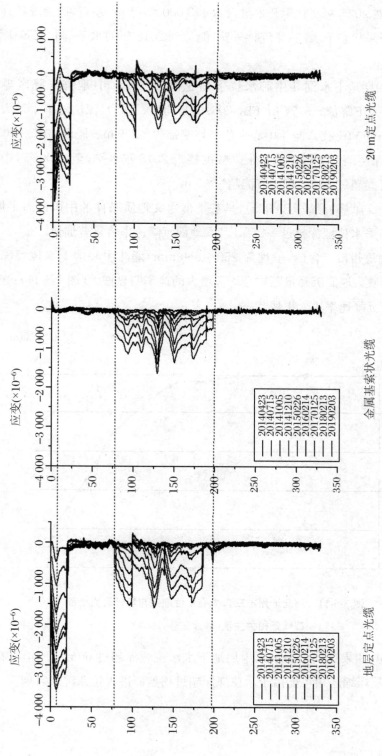

图 5-5-10　阜阳市区光纤孔监测结果

深。因此,虽然 2025~2030 年开采量仅每年 3 000×10⁴ m³ 左右,约为现状开采量 1/2,但持续开采状态下水位下降速率仍可能达到 2018 年的水平(图 5-5-5、图 5-5-7)。

2018 年中层地下水漏斗中心水位平均变幅约 −3.9 m(取强下降区界线值 −2.0 m 与最大下降值 −5.77 m(FBG606)的平均值,下同),深层地下水最大水位变幅 −3.82 m(FY01 孔),漏斗中心水位平均变幅约 −2.9 m。假设 2025~2030 年阜阳市区中、深层地下水位埋深年下降幅度接近 2018 年水平;至 2030 年,中心水位埋深中层可能超过 80 m,深层可能超过 95 m。

根据有关文献(韩彦霞等,2009),具有类似水文地质条件的中国河海平原区,深层地下水开采水位埋深超过一定深度后,地面沉降速率将显著加快。

如当河北沧州市三含(一般埋深 250~350 mm)漏斗中心地下水位埋深超过 60 m 时,累计最大地面沉降量随中心埋深增大的速率明显增大(图 5-5-11);当超过 80 m 后,中心沉降速率进入更快状态。

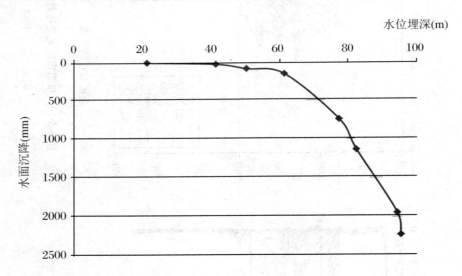

**图 5-5-11　河北沧州市三含中心水位埋深与累计最大地面
沉降量相关关系**(韩彦霞等,2009)

综上所述,如果远期阜阳市区中层地下水水位埋深超过 60 m,压缩沉降量将明显增大,深层压缩层很可能由于水位埋深超过拐点而进入快速沉降时期。

5.6　地面沉降危害

地面沉降是一种缓变型地质灾害,其危害和造成的损失不易被注意或发现。但阜阳市地面沉降已发展数十年,目前市中心累计最大沉降量已近 1 600 mm,长期缓慢的地面变形已经造成了一些危害。地面沉降间接危害使城市规划、工程建设项目失去高程依据,导致城市规划失真,市政建设基础数据出现错误,水利工程效能与标准降低等,威胁城市地下管网、高速铁路与区域性输气管线、大跨度桥闸等安全,具有潜在高风险隐患与巨大的经济损失。

5.6.1　直接危害

5.6.1.1　地面沉降高程直接土方损失

除区域构造性地面沉降外,研究区地面沉降在轻微状态下即可造成测量水准点失效,需要修复地面沉降高程损失。在理论上,通过人工回填相应等量土方可达到原始地面水准,因此,地面累积沉降体积可衡量一个地区地面高程下降的直接土方损失量。

考虑累积地面沉降量小于 300 mm 的地区,地面沉降危害与损失较为轻微。根据 2017 年实测,研究区地面累积沉降量大于 300 mm 的地区达 202 km^2。

5.6.1.2　地面沉降灾害对地下含水层结构的破坏损失

地面沉降灾害是由过量抽采地下水引起的。灾害不仅会引起地面上人类的经济社会系统遭受破坏损失,而且还会引起地下水的污染、枯竭和地下含水结构的破坏。地面沉降灾害所造成的空间损失主要是过量失水使地下含水层和隔水层压缩导致的结果,这种压缩是一种结构性破坏,很难恢复。这种压缩不但使地下含水贮水空间变小,而且使地下水的补给通道变窄变小,不利于地下水的循环和补给,结果是可供开采的地下水量越来越少。

地下水连同其他的贮存空间是一种珍贵的自然资源,它的减少就意味着人类在经济上受到了损失。这种地下水库是人类无法建造的,所以,损失是巨大的,影响也是长远的。这一损失采用影子工程法进行计算,即用人工建造一个相同库容(与地下含水层结构的损失空间相同)的地表水库的费用来估算。

阜阳市地面沉降等同于其地下空间减少量,下降的空间体积就意味着地下水库的库容损失。

5.6.2 间接危害

5.6.2.1 水准点损失

地面水准点是国民经济建设和发展的重要基础资料,广泛应用于水文、环保、地震、市政建设、地质等行业。地面沉降会导致水准点失稳失效,地面高程资料大范围失效,基础数据错误,工程地形图测绘、地质勘测、建筑施工等项目失去依据,需要重新校核,给相关工作带来严重的影响和干扰。而由于区域沉降,原沿线布设的水准点高程数值动态变化,需要定期对沉降区水准点进行复测,并与沉降区域外的联测点联测,不仅增大了水准测量的工作量,也加大了相关工作的经费投入。

如国家地震局以阜阳市为中心布设的阜阳环Ⅱ等水准线路,由于地面沉降的原因,导致监测数据受到干扰,影响了地震监测工作。同时水准数据受到干扰,水文观测出现倒比现象,这一点尤其对汛期警戒水位的预测、预报造成严重影响。为解决这个问题,阜阳市每2年均会投入资金定期进行复测,但由于局部地区沉降速率较大,水准点失稳问题不能彻底解决。

根据地面沉降发育程度分布和水准监测点分布对比,全区现有56处水准点处于地面沉降发育区内,其中利用已有的水准点36个,新埋设水准点20个,利用已有的GNSS点58个。已有水准点包括国家一等水准点2个,二等水准点32个,三等水准点2个。这些点的原始高程已不同程度失准,建设深浅层基岩标可解决全面大范围水准点失准问题,但水准点的重建和基岩标的建设均需投入大笔资金。

5.6.2.2　线状水利工程危害损失

随着地面沉降的积累,其影响日趋严重。地面沉降的发生影响了排水泵站的使用效率,降低了防汛设施(节制闸涵、河流堤坝等)的防御能力。在阜阳市,位于沉降中心的颍河闸、颍河桥多处开裂,虽几经修缮,但仍继续产生新的裂缝。1997年建成的及阜裕大桥、泉河公路大桥,因地面沉降,致桥面伸缩缝明显扩张。为确保闸、桥的安全使用,需缩短维修周期,增加维修次数,增加了维护费用,间接造成了经济损失。阜阳节制闸受不均匀沉降影响,闸底板多处开裂、闸墩错位、铰座倾斜,致使闸门启闭不灵,1995~1997年进行了闸基加固闸门更新及2001~2002年进行了闸面桥梁更新,但修复后又出现了新的开裂现象,闸体的最大泄洪能力也从1959年3 500 m³/s下降到2 500 m³/s,并有逐年下降趋势(杨则东,2007)。

地面沉降导致堤顶高度降低,泉河、颍河堤坝已达不到原设计的20年一遇的防洪标准,而且沉降区内的地面标高也低于河流洪水位1~2 m。地面沉降破坏城市市政基础设施,使部分深层地下水开采井发生吊泵、倾斜、错位、井台开裂变形等;使部分路段排水管道错裂,使原可顺畅外排的污水向沉降低洼部位集中,造成城市内涝。地面沉降已经并将继续对城镇的水利防洪设施造成较为严重的破坏,同时造成地表高程的损失,引发城市内涝,增大排洪运行成本。

目前,根据引江济淮工程规划,颍河为引水河流通道,一般两岸有堤坝分布。颍河在阜阳市境内有约116.6 km处于地面沉降强烈发育区,累积沉降量300~1 800 mm,堤坝的防洪能力不同程度受到损害。

5.6.2.3　建(构)筑物变形破坏

经调查,地面沉降建(构)筑物变形破坏主要是造成深水井构筑物变形、桥梁变形损坏,未发现地裂缝等其他变形迹象。

位于阜阳市地面沉降漏斗中心的阜阳颍河节制闸,4号、6号、8号桥墩开裂,原开裂裂缝宽度6~10 cm,1998年加固整修后又产生新的张裂缝,宽度0.3~0.8 cm。

距阜阳市地面沉降漏斗中心1.5 km的颍河大桥桥面多处开裂,裂缝宽0.3~1.4 cm,桥面产生不均匀沉降,形成1.5~6.5 cm的落差;大桥北栏杆因不均匀沉降产生 6.5 cm 落差,1991 年调查时落差尚仅有 2 cm,与 1991 年相比增加 4.5 cm。

1997 年建成通车的阜裕大桥,桥长 1 018 m,距地面沉降漏斗中心约 1.5 km,主桥与引桥交汇处伸缩缝明显扩大,裂缝宽 12~14 cm,桥面有多处开裂。

泉河公路大桥距地面沉降漏斗中心约 3.2 km,1997 年建成通车,大桥伸缩缝明显扩张,缝宽 3~4 cm,两侧栏杆与立柱多处有松动迹象。

野外调查发现,部分地下水开采深井出现井台地面开裂、井管抬升等地表变形现象。位于地面沉降中心的阜阳市服装厂深井(现属自来水公司),井台较周围地面有明显抬升,井台地面开裂,裂缝呈放射状。井管抬升导致该水井无法正常使用,对输水管进行加弯曲管处理后才正常使用(图 5-6-1)。纺织厂、供电局、卷烟厂等单位的深水井均处于地面沉降近中心,亦出现井台地面开裂、井管抬升等地表变形现象(图 5-6-2)。袁寨水厂深水井,井深 245 m,处于地面沉降边缘,井台地面开裂,裂缝呈放射状,宽 1~2 mm。出现变形特征的深水井调查情况见表 5-6-1。

图 5-6-1　阜阳服装厂深井因沉降井台抬升加弯曲管连接

图 5-6-2　阜阳烟厂地面沉降形成的井台拔高

表 5-6-1　阜阳市井点变形情况一览表

单　位	井管抬升	井台开裂	备注
服装厂	很明显	放射状	抬升 25 cm
纺织厂 10 号井	轻微	细微裂缝	
纺织厂 5 号井	很明显	环形裂缝	抬升 18 cm
针织厂新井	轻微	环形裂缝	
供电局东院	不明显	无	井台重修
供电局西院	明显	环形裂缝	抬升 8 cm
轧花厂	很明显	放射状	抬升 12 cm
拖拉机厂	明显	环形裂缝	抬升 5 cm
卷烟厂 3 号井	明显	开裂	访问资料
袁寨水厂	不明显	放射状	

注:资料引自 2006 年安徽省地质调查院提交的《淮河流域(安徽段)环境地质调查报告》。

5.6.2.4　城市地下管网损坏及内涝

据阜阳市地面沉降调查报告资料,地面沉降导致部分路段排水管道错裂,污水无法向外排泄,集中于沉降低洼部位,造成城市内涝。

根据阜阳市城市地质调查、阜阳市地面沉降调查与监测项目,阜阳市区地面沉降造成部分地下水开采深井井管抬升,井台较周围地面有明显抬升并有开裂现象。位于沉降中心的阜阳市服装厂、纺织厂、供电局、卷烟厂、农科所等单位深井均有井管抬升、井台地面变形等现象,而且比较明显;沉降区外围的袁寨水厂深水井,井深 245 m,处于地面沉降边缘,也有井台地面开裂现象。说明缓慢的地面沉降确实已造成一定的危害;城区部分路段雨季强降水时积水严重,可能亦与地面沉降有关。

5.6.2.5　高速交通线路运行安全

地面沉降对高速铁路、高等级铁路、高速公路等交通的影响不容忽视。据报道,阜阳市青阜线一期、二期改建工程,均由于日益严重的地面沉降而致使道床地基不均匀沉降,造成多处轨道变形、伸缩缝过大或闭合,增大了建设成本投资,进一步危害到铁路运行安全。

阜阳市是安徽省重要的农业种植区和人口聚居区,宁洛、济光、滁新、界阜蚌、合淮阜、阜亳、阜周、阜新等高速公路,商阜、濉阜、漯阜、阜淮铁路在境内纵横交联、格构遍布,这些交通大动脉关系着区域经济的发展和人民小康生活的建设,其中,地面沉降对高速公路、高等级铁路等交通安全的影响不容忽视。若不进行控沉治理,今后造成的经济损失将更加巨大,会对阜阳的社会经济发展造成极为严重的影响。

第6章 地面沉降机理研究

地面沉降的发生是众多因素共同作用的结果,其中区域水文地质条件和地下水开采为主要的影响因素。根据太沙基等人的研究,土体承受的总应力应该等于土的骨架所承受的应力和孔隙水压力之和。当含水层的水位下降之后,孔隙水压力减小,原由水承担的压力转由土的骨架承担,致使土体压密,引起地面沉降(杨春生等,2007)。

6.1 地下水与地面沉降的关系

本研究区位于安徽省北部、黄淮海平原南缘,区内地下水含水层组包括松散岩类孔隙含水岩组、碳酸盐岩类裂隙岩溶含水岩组和基岩裂隙含水岩组。松散岩类孔隙含水岩组几乎遍布全区,按地下水的埋藏条件、水力特征及其与大气降水、地表水的关系,自上而下划分为浅层地下水和深层地下水。浅层地下水赋存于 50 m以浅的全新世、晚更新世地层中,与大气降水、地表水关系密切,按埋藏条件可称其为第一含水层组(浅层);深层地下水赋存于 50 m 以深的地层中,与大气降水、地表水关系不密切。根据水文地质结构和开采现状,将松散岩类深层地下水划分为 2个含水层组,即中深层水层组(埋深 50~150 m)和深层水层组(埋深 150 m 以深,按开采深度一般下限深度 350 m,最深不超过 500 m。

在地下水位反复升降过程中,地层处于反复加卸荷状态,地面沉降主要是黏性土层及含水层压密造成的,且表现为持续沉降。选取阜阳市水文孔 FBG606 为例研究地下水水位与地面沉降相关关系。1995~2008 年,地下水水位波动较大,但总体地下水水位呈下降趋势,由于地面沉降有滞后性和延续性的特点,因而地面沉降并未因地下水波动而起伏，而是一直呈下降趋势，2008 年后由于地下水开采呈稳定增加趋势，地下水水位亦呈抛物线下降趋势，地面沉降与水位下降幅度正相关。地面沉降总体随地下水埋深增加而不断下沉（图 6-1-1）。

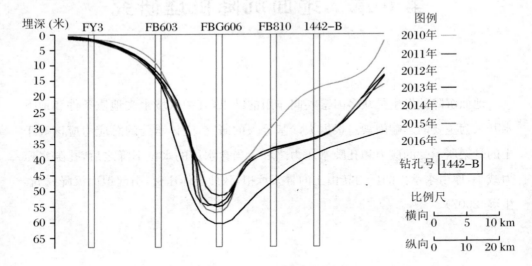

图 6-1-1　2010～2016 年中深层地下水位埋深剖面图

6.1.1　地下水漏斗形成及动态变化

阜阳市地下水漏斗形成于 20 世纪 70 年代，2010 年中深层地下水漏斗区中心地下水水位埋深 30 m，沉降面积 163 km²；截至 2016 年，中深层地下水漏斗中心区水位埋深增加至 60 m，面积扩大到 366 km²。因此，从整体来看，阜阳市由于地下水开采量增加，水位持续下降，漏斗面积不断扩大。

根据地下水水位监测数据，研究分析近年来（2010～2016 年）地下水漏斗变化趋势：

2011 年地下水水位下降速度快（地下水水位埋深大于 30 m）的区域面积约 199 km²，相比 2010 年增加了 33 km²。

2011～2015 年地下水水位变化较平缓，地下水位埋深大于 30 m 的区域变化亦较小。

2016 年地下水水位下降速度快（地下水水位埋深大于 30 m）的区域面积约 366 km²，相比 2015 年增加了 29 km²。

可以看出，2010～2016 年，地下水水位下降漏斗中心主要集中在阜阳市区周边，地下水水位下降严重地区的面积不断扩大；由地下水水位埋深剖面图可以看出，地下水沉降漏斗的空间展布模式为逐步向东北方向扩展（图 6-1-2、图 6-1-3）。

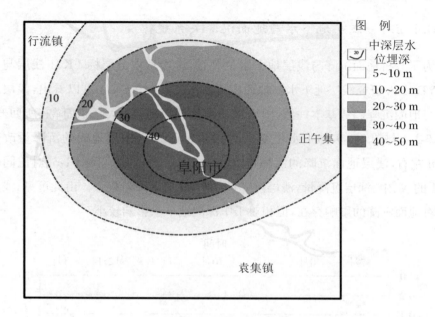

图 6-1-2　2010 年研究区地下水漏斗图

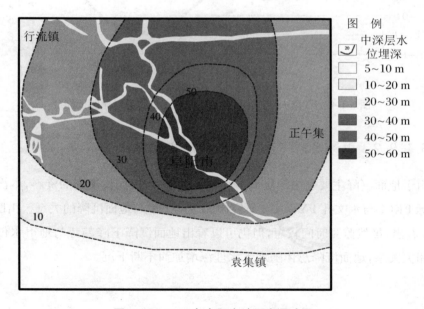

图 6-1-3　2016 年阜阳市地下水漏斗图

6.1.2　地下水动态与地面沉降变化规律

6.1.2.1　浅层地下水与地面沉降关系规律

为了分析地面沉降与浅层地下水位关系,本次选取分层标 FK01 浅层与水文孔 FYD01-A 研究浅层地下水与地面沉降的关系,由图 6-1-4 可以看出,浅层地下水位与地面沉降趋势基本一致,随着地下水位埋深的提升,地面沉降有所回升;对比图 6-1-4 与图 6-1-5,地下水位变化值同样为 0.2 m,中层地面的沉降量改变为 0.2 m 左右,浅层地面沉降的沉降量改变 0.1~0.2 m;结合图 6-1-6,对比同一孔 FK01 的浅、中、深层沉降量,浅层沉降量最小,深层沉降量最大。由此可见,浅层地下水对地面沉降的影响存在,但相对于中深层地下水影响较小。

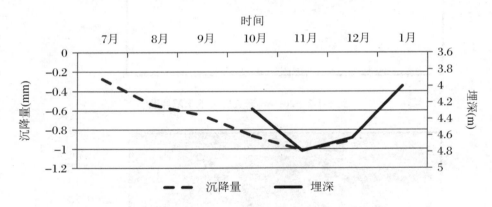

图 6-1-4　FYD01-A 孔地下水位与 FK01 沉降量对比图(浅层)

6.1.2.2　中深层地下水与地面沉降变化规律

由于地面沉降主要与中深层地下水的水位相关,根据收集到的资料,本次选取分层标 FK01 与水文孔 FYD01-3 研究中深层地下水与地面沉降的关系。由图 6-1-5 可以看出,虽然监测时间较短,但仍可以看出地面沉降下降趋势与地下水位埋深呈正相关关系,地面沉降总体随地下水埋深增加而不断下沉。

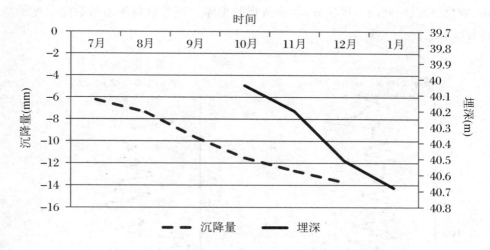

图 6-1-5　FYD01-3 孔地下水位与 FK01 沉降量对比图 (中深层)

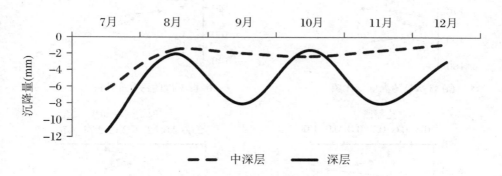

图 6-1-6　FK01 孔中深层、深层沉降量对比图

6.2　黏性土物理特征分析

土体物理力学指标与土体类型有很好的相关性,土体类型对土体的压缩性以及渗透特征着很大影响。黏性土的孔隙比、比重、含水率、黏粒含量等物理指标是影响黏性土固结的重要因素。研究表明,黏土的欠固结系数随着含水率和黏粒含量的增加而增加。本次研究收集钻孔 FEB606 孔内样品的取样深度范围为 0~162.1 m。

为充分了解土壤物理性质,对实验孔土体进行了包括土体的密度、含水量、比重、颗粒级配、液塑限 5 项实验，实验所得的土体物理参数与压缩系数随深度的规律见图 6-2-1。

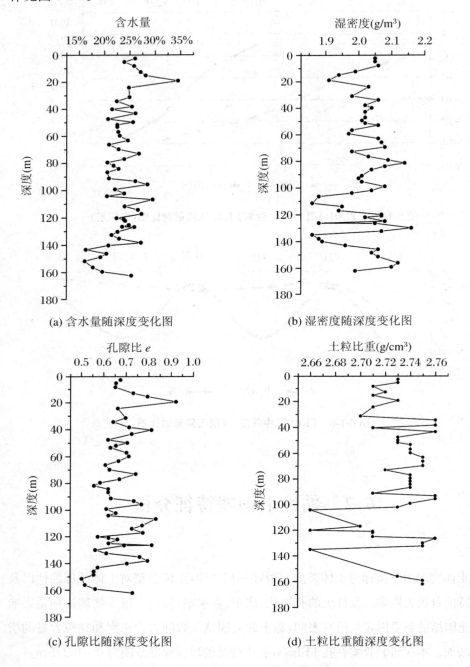

(a) 含水量随深度变化图

(b) 湿密度随深度变化图

(c) 孔隙比随深度变化图

(d) 土粒比重随深度变化图

图 6-2-1　黏性土物理参数与深度变化曲线

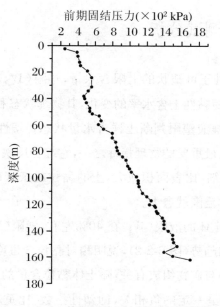

(e) 前期固结压力随深度变化图

图 6-2-1　黏性土物理参数与深度变化曲线(续)

6.2.1　基本物理参数测试结果分析

本次研究以阜阳市所属资料进行分析,由图 6-2-1 可知,测试土样的含水率一般在 16.1%~34.5%之间;密度一般在 1.86~2.16 g/cm³ 之间;比重一般在 2.66~2.76 之间。含水量随着埋深的增加总体呈现减小的趋势,但呈现出上下波动的变化特点:埋深 160 m 以深的土样含水量随深度的增加呈现减小趋势,含水量值变化范围 12%~20%,埋深在 150 m 以深的土样含水量有逐渐增大的趋势。密度随埋深的增加出现与含水率相似的波动特点,密度在 100~160 m 阶段波动明显。比重随埋深的增加变化不明显,也呈现出上下波动的趋势,但其值总体上在 2.66~2.76 之间,在埋深 100~130 m 阶段波动明显。基本物理参数随深度变化的规律与土样的土体结构和所处应力环境有关。

实验结果显示,孔隙比与天然含水量有很好的正相关性,与干密度负相关。天然含水量、孔隙比与压缩系数基本正相关,即天然含水量、孔隙比越大,黏性土越容易压缩,反之越不容易压缩。

6.2.2　液塑限测试分析

液限(W_l)是黏性土处于可塑状的上限含水量,塑限(W_p)是使黏性土成为可塑状态的下限含水量,伴随黏性土含水率的变化,其物理状态和化学性质都会发生明显变化,可通过测试土壤液塑限判断土样含水量状态。塑性指数(I_p)即液塑限的差值,是黏土的最基本、最重要的物理指标之一,它综合反映了黏土的物质组成,I_p越大,表明土的颗粒愈细,比表面积愈大,土的黏粒或亲水矿物含量愈高,土处在可塑状态的含水量变化范围就愈大。

实验结果表明,实验土体的液限(W_l)在40%左右,塑限(W_p)在20%左右,随深度增加塑性指数有增加趋势(图6-2-2),说明相对黏粒含量增加。塑性指数与深度呈正相关。比重的大小与矿物组成有关,随土体黏粒含量的比重增大而增大;塑性指数、比重与压缩系数呈一定的负相关,即塑性指数、比重越大,土体越不容易压缩。

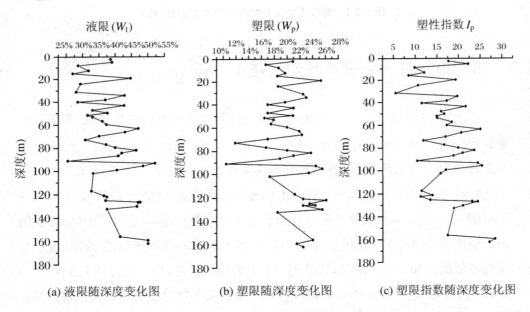

(a) 液限随深度变化图　　(b) 塑限随深度变化图　　(c) 塑限指数随深度变化图

图 6-2-2　黏性土物理参数随深度变化曲线

黏性土塑性状态的基本特征是:土在外力作用下,形状改变,但不破坏其整体性,当外力停止后,仍保持改变后的形态。在阜阳市地面沉降层中,埋深100~200

m 之间的黏土塑限指数并未与比重呈正相关,基本未发生太大变化,这也是阜阳市产生严重地面沉降灾害的原因之一。

6.2.3　土体密实度参数随埋深变化规律

由图 6-2-3 看出,在 20～50 m 阶段土体密实度,波动幅度较大,在 50～160 m 左右时相对稳定,压缩系数变化范围在 0.004～0.096 MPa^{-1} 之间;压缩模量变化范围在 50～422.3 MP 之间。总体而言,压缩系数随着深度的增加而减小,这是因为随着土体埋深的增加,自重增加,土体固结压缩密实度增大。

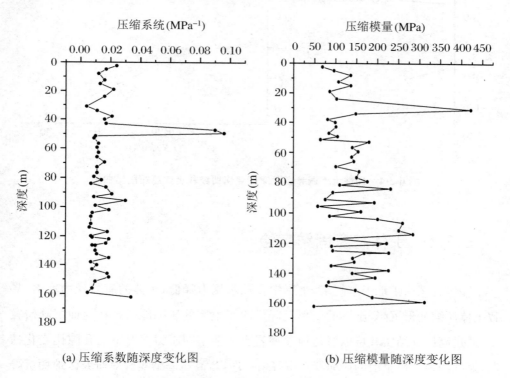

(a) 压缩系数随深度变化图　　　　(b) 压缩模量随深度变化图

图 6-2-3　黏性土物理参数随深度变化曲线

6.2.4　黏土层渗透系数研究

在阜阳市第四系黏土渗流特性的实验研究中,针对不同深度、不同结构的土样,进行渗透系数测试。对于埋藏深度较浅的土样(170 m 以浅),根据变水头渗流实验,20 个第四系黏土的浅层渗透实验结果如图 6-2-4 所示。根据实验结果可知,浅层黏土的渗透系数介于 $10^{-6} \sim 10^{-7}$ cm/sec,且随着地层埋深的加深,其渗透系数总体呈减小的趋势。

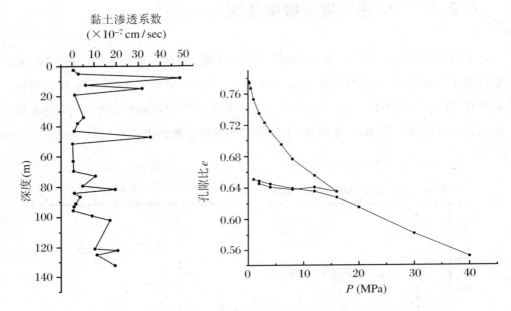

图 6-2-4　黏性土渗透参数随深度变化曲线和土体高压固结曲线

6.2.5　土体高压固结实验

在研究区由于地下水超采,土层中孔隙水压力降低,土体的有效应力增大,导致土体压缩变形沉降,土层的变形沉降反映了土体的压缩能力。在地面沉降研究中,通过高压固结实验可以清楚地掌握岩土体在不同压力情况下的孔隙比变化情况,能准确地提供土层的压缩变形沉降值。所以,高压固结实验对研究区地面沉降的研究至关重要。从图 6-2-4 可以看出,土体孔隙比在不同压强下的变化情况,这可为地面沉降预测提供依据。

结合分析土体各物理参数与压缩性在深度上变化规律可知,随着深度变化,密实度指标孔隙比、密度、干密度总体上与压缩系数变化规律吻合,这一吻合的深层机理可能主要来自于土体自重的影响;压缩系数与含水率、饱和度及比重在不同深度段有不同的对应关系,这说明该系列参数在一定程度上影响土体压缩性,但不是主导整体规律的因素。综上所述,以土体自重为内因产生的固体颗粒间的初始孔隙特征(密实度)可能是影响土体压缩性的主要因素。

6.3 地面沉降分布式光纤监测案例研究

6.3.1 基本概况

阜阳市地面沉降分布式光纤监测项目的钻孔内光纤施工于 2013 年 12 月 22 日完成。钻孔回填,于 2013 年 12 与 23 日完成,回填材料为"黄豆沙"和"瓜子片"石子混合物。现场测试确定,由于钻孔底部沉渣,钻孔内光纤布设实际深度约为 330 m。钻孔内光缆绑扎于钻机上,待钻孔内回填岩土体沉降固结稳定后,在其上砌筑监测墩,建立光纤监测点。

6.3.2 光纤传感器布设安装

钻孔内布设有 4 根光缆和 2 个渗压计。4 根光缆中的一根为渗压计引线,另外 3 根为分布式感测光缆,分别是 20 m 双芯定点光缆、地层单芯定点光缆和钢绞线光缆。定点光缆为局部定点固定全程松套光缆,具有相邻定点间光缆拉伸压缩应变均一分布的特性;钢绞线光缆为紧包光缆,应变传递特性好,可实现地层内压缩拉伸区域精准定位。

6.3.3 数据采集与分析

2014 年 2 月 13 日进行了第一次数据采集。后又于 2014 年 4 月 23 日、2014 年 7 月 10 日、2014 年 10 月 5 日、2014 年 12 月 10 日和 2015 年 2 月 26 日,相继进行了 5 次数据采集。经过 6 期测试,发现布设的 2 个渗压计无法检测到信号,初步判断为引线断裂,断裂深度约为 140 m。通过对比前三期数据可知:2014 年 2 月 13

日至 2014 年 4 月 23 日,两期光缆应变数据整体一致,差值在 ±50 $\mu\varepsilon$ 范围内波动。根据工程经验,仪器测量误差在 ±100 $\mu\varepsilon$ 以内。因而可以判断,自 2014 年 2 月 13 日起,钻孔内回填岩土体沉降固结稳定,钻孔岩土体稳定,可以开始监测工作,可选取 2014 年 2 月 13 日采集数据作为初始值,开始正常监测。项目具体施工与监测工作见表 6-3-1。

表 6-3-1　阜阳市地面沉降光纤监测孔施工与监测进度表

序　号	日　期	工　作
1	2013 年 12 月 22 日	钻孔光缆布设安装
2	2014 年 2 月 13 日	第一次数据采集(作为监测初始数据)
3	2014 年 4 月 23 日	第二次数据采集
4	2014 年 7 月 10 日	第三次数据采集
5	2014 年 10 月 5 日	第四次数据采集
6	2014 年 12 月 10 日	第五次数据采集
7	2015 年 2 月 26 日	第六次数据采集
8	2016 年 2 月 14 日	第七次数据采集
9	2017 年 1 月 25 日	第八次数据采集

将前 8 期数据进行数据对齐,截取有效数据并平滑,进行差值处理后可以得到如图 6-3-1 所示光缆测试综合成果图。图中各光缆应变数据为自 2014 年 2 月 13 日到 2015 年 2 月 26 日钻孔周围岩土体累计变形应变的监测数据。图 6-3-1 中负应变表示自 2014 年 2 月 13 日起的监测期间内,地层呈现压缩状态;正应变表示自 2014 年 2 月 13 日起的监测期时间内,地层呈现拉伸状态。

对比分析 3 根光缆监测数可知,在地层深度 77.7~200 m 范围内,钻孔周围岩土体发生明显的变形,整体呈现压缩变形,局部为拉伸变形,压缩应变整体小于 -1 200 $\mu\varepsilon$。根据监测数据和图 6-3-1 可知,光纤监测数据在 0~12 m 深度范围内由正向应变急剧减小为负向应变,这段深度范围为光缆应变过渡段,因浅表地层受气候温度变化影响和钻孔浅表回填岩土体压缩固结影响而产生。而从图 6-3-1 和监测数据还可知,在地层定点光缆和 20 m 定点光缆监测曲线上,在 12~25 m 深度处监测到较大的压缩应变情况;钢绞线光缆在该深度范围内基本保

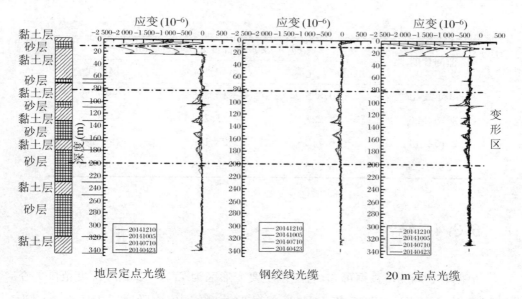

图 6-3-1　光缆测试综合成果图

持。这表明该区域压缩变形较小,而地层定点光缆和 20 m 定点光缆测试到压缩变形,主要是由于定点光缆成缆工艺与钢绞线光缆不同,定点光缆为半松套光缆,在该层位深度内无定点单元限制,导致光缆纤芯受自身重力作用自由变形产生了较大的压缩;钢绞线光缆为紧包光缆,应变传递特性较好,直接反映了岩土体压缩变形区域。

自 2014 年 2 月 13 日至 2017 年 2 月 25 日,监测到岩土体主要在 77.7～200 m 深度范围内产生压缩变形。由于缺少相应层位的渗水压力测试数据,暂时无法判断其变形产生的原因。对 77.7～200 m 深度处岩土体变形进行积分运算,测算得到的总体位移变形大小,参见表 6-3-2。由表 6-3-2 可知,77.7～200 m 深度范围岩土体为主要监测层位,整体呈现压缩状态。截至 2017 年 1 月 25 日,该段地层内累计沉降量约为 46.021 mm(取 3 根光缆测试平均值)。

表 6-3-2　重要层位监测位移变化数据表

监测日期	84.5～200 m 深度处位移量(mm)		
	地层定点光缆	20 m 定点光缆	钢绞线
2014-4-23	−3.049	−1.770	−1.311
2014-7-10	−6.220	−6.296	−5.958
2014-10-05	−9.420	−8.605	−8.215

监测日期	84.5～200 m 深度处位移量（mm）		
	地层定点光缆	20 m 定点光缆	钢绞线
2014-12-10	−10.855	−10.496	−9.126
2015-2-26	−12.225	−11.717	−12.378
2016-2-14	−16.712	−23.149	−26.796
2017-1-25	−38.996	−52.935	−46.133

6.3.4 结论

根据前 8 期测试数据可知,岩土体主要变形区为 77.7～200 m 深度范围。在 2014 年 2 月 13 日到 2017 年 1 月 25 日的监测时间内,该段地层内压缩量约为 46.021 mm。此深度区域为主要变形区域,是主要监测层位。在该变形区域,岩土体主要呈现压缩状态,并且不断压缩变形,其压缩变形不断增大,这表明光纤监测点内岩土体沉降变形仍在进行,并未停止。前 8 期监测数据反映了 3 年内的岩土体变形状态,可知 2016～2017 年度产生了较为显著的沉降变形,约为 20 mm。这与前文所述的上面中深层地下水水位剖面相对应,2016 年地下水水位下降是个突变过程,由于地面沉降的滞后性特点,故而与 2016～2017 年地面沉降变形量增加相一致。

6.4 城市扩展与地面沉降关系

6.4.1 遥感影像的选取

为探究城市扩展与地面沉降的关系,需提取阜阳市城市建成区动态变化信息,提供多时相的历史航空影像和卫星影像。航空影像空间分辨率高,客观有效地记录了自然景观与人文景观的演化变迁过程,是人类进行资源环境问题研究和改造

客观现实世界的基础信息资源,但存档资料较少,不连续,且难以搜集。Landsat
系列陆地资源卫星从 1972 年 7 月 23 日发射至今,有长时间序列的历史归档影像,
影像质量较好,为连续动态监测研究区建成区变化提供了可靠的数据。

　　本次工作分别选取了 1987 年、1994 年、2002 年、2009 年、2017 年共 5 期的遥
感影像进行遥感解译,轨道号为 122/37 的遥感影像图如图 6-4-1 所示,遥感数据源
信息如表 6-4-1 所示。

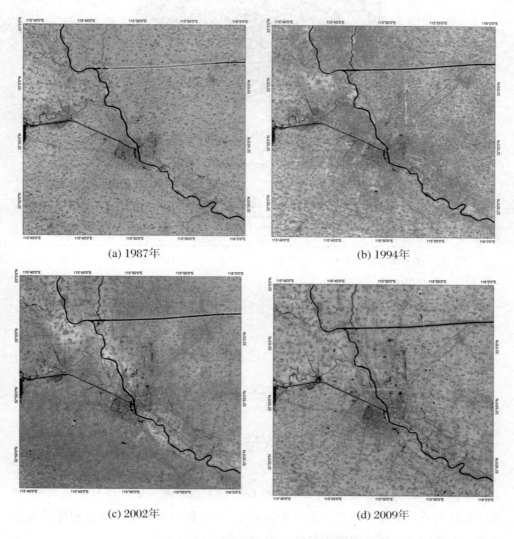

(a) 1987年　　　　　　　　　　　　　　(b) 1994年

(c) 2002年　　　　　　　　　　　　　　(d) 2009年

图 6-4-1　研究区 Landsat 卫星影像图

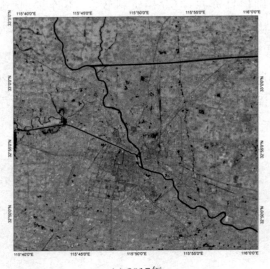

(e) 2017年

图 6-4-1　研究区 Landsat 卫星影像图（续）

表 6-4-1　遥感数据源

数据标识	条带号	行编号	影像获取时间	云量
LT51220371987262BJC00	122	37	1987/9/19	0
LT51220371994297BJC00	122	37	1994/10/24	0
LT51220372002191BJC00	122	37	2002/7/10	0.01%
LT51220372009098BJC00	122	37	2009/4/8	0
LC81220372017120LGN00	122	37	2017/4/30	0.05%

6.4.2　城市扩展对降水入渗的影响

　　根据已掌握的典型地物的地面情况，在图像上选择训练区。现有研究表明，训练区选择的质量好坏对图像分类结果影响很大，而且训练样本的数量和质量在很大程度上影响着不同分类器的分类效果。

　　计算归一化植被指数（NDVI）、归一化差异水体指数（NDWI），将 TM 波段、NDVI、NDWI 共 9 个波段组成光谱特征变量，采用土地利用监督分类方法，结合目视解译。在 ENVI5.1 软件中选取 SVM 算法进行监督分类,将研究区的土地分为耕地、建设用地、林地、水体、草地、裸地 6 类。将分类结果中的建设用地小斑块进行去除处理,对建设用地进行目视解译,手动修改分类错误的图斑,结果如图 6-4-2、表 6-4-2 所示。

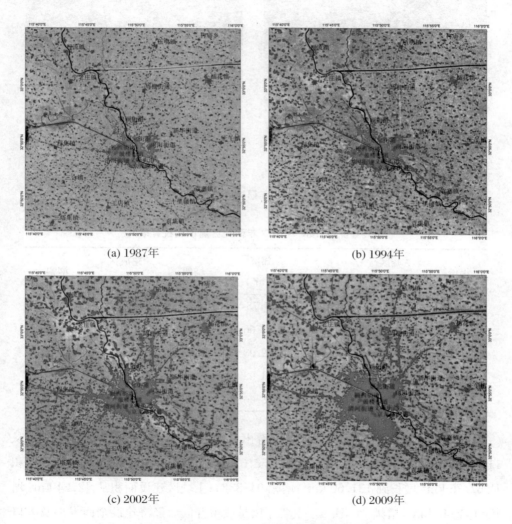

(a) 1987年

(b) 1994年

(c) 2002年

(d) 2009年

图 6-4-2 1987~2017 年研究区建设区分布图

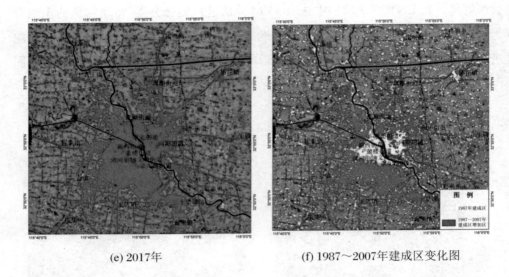

(e) 2017年　　　　　　　　　　(f) 1987～2007年建成区变化图

图 6-4-2　1987～2017 年研究区建设区分布图（续）

表 6-4-2　1987～2017 年研究区建设区统计表

年份	主城区（km²）	增幅	郊区（km²）	增幅	建成区（km²）	增幅
1987	42.24		67.75		110.00	
1994	72.46	71.51%	131.66	94.33%	204.12	85.56%
2002	85.25	17.66%	152.93	16.16%	238.19	16.69%
2009	106.74	25.21%	144.03	−5.82%	250.78	5.29%
2017	154.64	44.87%	138.66	−3.73%	293.31	16.96%

从图 6-4-2、图 6-4-3 及表 6-4-2 可看出，1987～2017 年研究区建设区面积从 110.00 km² 增加到 293.31 km²，增幅 166.67%，其中 1987～1994 年郊区建设面积从 67.75 km² 增长到 131.66 km²，增幅 94.33%；主城区建设面积从 42.24 km² 增长到 72.46 km²，增幅 71.51%。主要原因是改革开放后经济建设全面发展及人口增加，导致建设用地需求明显加大，尤其是农村建设用地增加；2002～2017 年，郊区面积减少，而主城区继续扩张，增幅 25.21%，这主要是城镇化进展加速，路面硬化范围扩大，降水入渗面积减少，但根据浅层地下水动态特征，阜阳市主城区浅层地下水水位并未发生明显下降，这是由于阜阳市主城区地下水开采主要以中深层地下水为主，浅层地下水开采较少；另外虽然城市扩张带来降水入渗面积减少，但

由于研究区内农田面积亦随之减少,农田灌溉使用的浅层地下水亦减少,所以导致阜阳市主城区浅层地下水水位并未随城市扩张发生明显变化。

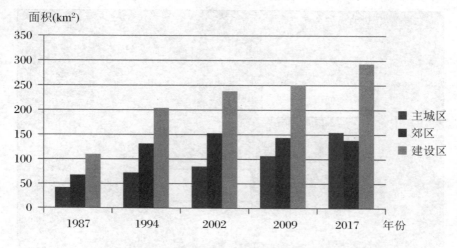

面积(km²)

图 6-4-3　1987～2017 年研究区建设区变化图

6.4.3　建筑物荷载对地面沉降的影响

地下超采是诱发阜阳市地面沉降的主要原因,但城市建设带来的地表荷载增加也在一定程度上加剧了局部地面沉降。对上海市的地面沉降研究表明,高层建筑物对地面沉降的贡献率可达 30%,阜阳市作为一个发展中的城市,城市建设引发的地面沉降问题也日趋凸显。高密度建筑群使局部地表荷载增加,加剧了区域性地面沉降。目前阜阳市尚未展开区域地表荷载与地面沉降响应关系的系统研究。

本次通过遥感解译工作圈定了阜阳市区高层建筑物范围和低矮建筑物范围。通过对比我们发现高层建筑物群周边地面沉降累计量更大,沉降等值线线距变小;低矮建筑周边地面沉降累计量更小,沉降等值线线距变大(图 6-4-4),图中加框范围处于统一地质结构区,具有相同的地质背景条件,近似的地下水开采强度,因而表现出的沉降差异可认为与建筑物荷载有着更为密切和直接的关系。地面沉降量和建筑物的荷载基本成正相关,同一区块内高层建筑物的最大沉降量差值远大于低层建筑物的,这表明高层建筑物引起的不均匀沉降更严重。

总体看来,荷载密度与沉降的不均匀性存在正相关,这说明高密度建筑群使局部地表荷载增加,各单体建筑物附件沉降互相叠加,对区域性地面沉降的贡献不容忽视。

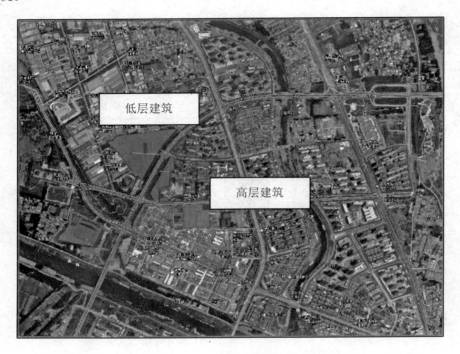

图 6-4-4　选择区块位置建筑物类型示意图

第7章 地面沉降危险评价

7.1 划分指标与原则方法

本次调查发现,调查区地质灾害的形成与发生基本是各种自然地质因素和人为作用因素共同作用的结果,其影响因素众多且变化复杂。根据调查区背景条件确定评价指标或致灾因子,依据《县(市)地质灾害调查与区划基本要求》和调查区地质灾害基本特征,选择了地面沉降易发程度、地面沉降历史灾害强度、预测沉降速率、地势高程4种因素作为地质灾害危险性分区的评价指标(表7-1-1)。

表7-1-1 地面沉降危险性判别表

判别要素	要素分区
地面沉降易发程度	高易发区
	中-低易发区
	不易发区
地面沉降历史灾害强度	大-较大强度区
	中强度区
	较小-小强度区
预测沉降速率	大-较大速率区
	中速率区
	较小-小速率区
地势高程	低-较低地势区
	中地势区
	较高-高地势区

符合表中任意两项或以上判别要素之最高者,确定为地面沉降危险性大;符合任意三项判别要素之最低者,确定为地面沉降危险性小;除上述之外地区确定为地面沉降危险性中等。

1. 地面沉降易发程度

根据地面沉降调查与监测规范(DZ/T0283—2015)第7.2.1条,地面沉降易发性评价的主要判别要素有地形地貌、松散沉积层厚度、软土厚度、地下水主采层数量等。

2. 地面沉降历史灾害强度和预测沉降速率

参考地质灾害危险性评估规范(GB/T 40112—2021),以地面沉降历史灾害强度评价指标为累计沉降量,预测沉降速率指标为近5年平均沉降速率,划分的方法主要参考表7-1-2。

表 7-1-2　地面沉降发育程度评价表

发育程度	发育特征	
	近5年平均沉降速率(mm/a)	累计沉降量(mm)
强发育	≥30	≥800
中等发育	10~30	300~800
弱发育	≤10	≤300

注:上述2项因素满足一项即可,并按照由强至弱顺序确定。

3. 地势高程

地势高程划分为低-较低地势区、中地势区、较高-高地势区三级。

7.2　地面沉降易发性划分

7.2.1　划分原则和方法

地面沉降易发性是指在自然条件下,一定区域内发生地面沉降的可能性。根据地面沉降调查与监测规范（DZ/T 0283—2015）第 7.2.1 条，地面沉降易发性评价的主要判别要素有地形地貌、松散沉积层厚度、软土厚度、地下水主采层数量等，划分标准如表 7-2-1 所示。

表 7-2-1　地面沉降易发性评价表

判别要素	易发性评价			
	高易发区	中易发区	低易发区	不易发区
地形地貌	河口三角洲、内陆平原、盆地			
松散沉积层厚度（m）	≥150	100～150	50～100	<50
软土层厚度（m）	≥30	20～30	10～20	<10
地下水主采层数量（层）	≥3	2	1	无

7.2.2　地面沉降易发区划分

整个研究区均为高易发区域，总面积为 1 000 km²；地貌为平原地势呈西高东低，微地貌类型主要有河漫滩、河间洼地、河间平地；松散沉积层厚度 150～700 m，地下水主采层数 2～4 层不等（图 7-2-1）。

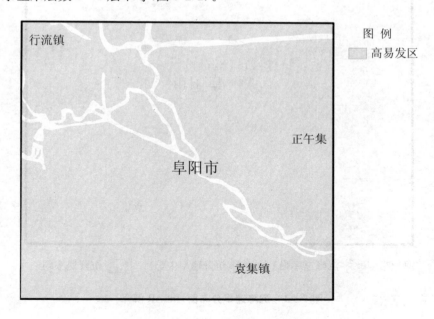

图 7-2-1　地面沉降易发分区图

7.3 地面沉降危险程度评价

7.3.1 地面沉降历史灾害强度评价

在评估地面沉降发育分布状况,并对各区造成的危害及经济损失进行综合评价的基础上,进行地面沉降历史灾害强度分区,共分为地面沉降历史灾害大强度区、中强度区和小强度区(图 7-3-1)。由于历史原因,地面沉降历史灾害大强度区主要集中于中心城区及近郊区。

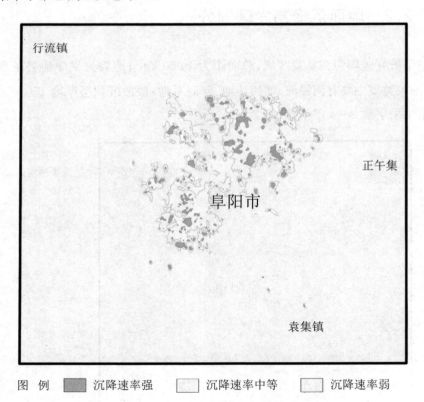

图 7-3-1 沉降速率分布图(InSAR 解译)

7.3.2 地面沉降预测沉降速率评价

由于收集到的研究区钻孔资料有限,通过模拟预测的沉降速率并不能代表全区的地面沉降速率。

依据 2013～2017 年 InSAR 遥感解译的沉降速率作为之后 5 年的预测结果进行分区,按照将来产生风险的程度划分为 5 个预测沉降速率区,最后形成地面沉降预测沉降速率评价,如表 7-3-1 所示。

表 7-3-1　地面沉降危险分区表

控制分级	面积 （km^2）	占研究区 面积比例	亚区 代号	亚区面积 （km^2）	占研究区 面积比例	位　置
危险性大	596.6	59.66%	H_1	596.6	59.66%	宁老庄镇-程集镇-辛桥镇
危险性中等	379.4	37.94%	M_1	365.4	36.54%	大田镇-三塔镇-袁集镇
			M_2	14	1.4%	插花镇西
危险性小	24	2.4%	L	24	2.4%	张寨镇北

7.3.3 地面沉降危险性分区

本次在综合分析的基础上将研究区按危险性划分为:危险性大区、危险性中等区和危险性小区,详见图 7-3-2。

1. 危险性大区

危险性大区的总面积为 596.6 km²,位于宁老庄镇-程集镇-辛桥镇,占研究区总面积的 59.66%,该区位于研究区北部、中部和东部,北部为高地势区,中、东部为低地势区,微地貌类型为河漫滩、河间洼地、河间平地。

2. 危险性中等区

危险性中等区总面积为 379.4 km²,占研究区总面积的 37.94%,分为两个亚区:

(1) 大田镇-三塔镇-袁集镇危险性中等区（M_1）

图 7-3-2 地面沉降危险性分区图

该亚区面积 365.4 km²，占总面积的 36.54%。位于研究区西部和南部，地势主要为中地势，西部部分地区为高地势区，北部部分地区为低地势区，微地貌类型为河漫滩、河间洼地、河间平地。

（2）插花镇西危险性中等区（M_2）

该亚区面积 14 km²，占总面积的 1.4%，位于研究区东北部，主要为中地势区，微地貌类型为河间平地。

3. 危险性小区

危险性小区总面积为 24 km²。占研究区总面积的 2.4%，位于研究区西南部，主要为高地势区，微地貌类型为河间洼地、河间平地。

第8章 地面沉降防治对策与建议

8.1 地面沉降防治对策

引起地面沉降的主要原因是过量开采中、深层地下水,因此,改换使用地表水水源,压缩中、深层地下水的开采量,人工增加地下水补给量,优化开采利用方案,是防治地面沉降的重要对策。而要实现这一切需要尽快对水资源进行合理而严格的管理。

8.1.1 压缩中、深层地下水开采量

充分利用地表水资源是压缩中、深层地下水开采的主要途径。

8.1.1.1 阜阳市地表水资源利用潜力

根据阜阳市 2018 年水资源公报,全市地表水资源量 25.39×10^9 m^3,换算径流深 250.9 mm。

阜阳市 2017 年、2018 年地表水供水量分别为 9.54×10^9 m^3 和 9.29×10^9 m^3,主要为农业灌溉、工业及生活用水。阜阳市多年平均地表水资源量约 25.96×10^9 m^3,仍具有一定的供水潜力。

8.1.1.2 引江济淮工程

引江济淮工程是一项跨流域调水工程,主要是以城乡供水和发展航运为主,同

时可改善农业灌溉补水和巢湖及淮河水生态环境。引江济淮工程沟通长江、淮河两大水系,穿越长江经济带、合肥经济圈和中原经济区,润泽安徽、惠及河南,造福淮河、辐射中原,具有保障供水、发展航运、改善环境等巨大的综合效益。工程按其所在位置和主要功能,自南向北可划分为引江济巢、江淮沟通、江水北送密切相关又相对独立的三大段落,其中引江济巢为工程水源并兼顾巢湖引流补水,江淮沟通承担济淮调水和发展江淮航运,江水北送任务是向淮河以北地区输水或配水。

近期(2030 年)和远期(2040 年)年引江流量分别为 240 m³/s 和 300 m³/s,其中,入淮水量 20.06×10^9 m³ 和 26.37×10^9 m³(表 8-1-1)。

表 8-1-1　引江济淮工程规划水平年主要口闸水量表(北部)

水平年	断　面	规模 (m³/s)	年均毛水量 (×10⁹ m³)	多年平均净调水量(×10⁹ m³)		
				河道 外供水	航运 用水	合计
2030	出瓦埠湖(入淮)	220	20.06	17.91	0.13	18.04
	颍河线颍上闸	40	1.38	1.35		1.35
	西淝河线河口闸	75	8.93	7.70		7.70
	涡河线蒙城闸	40	1.85	1.83		1.83
	淮水北调何巷闸	43	4.73	4.18		4.18
2040	出瓦埠湖(入淮)	280	26.37	23.61	0.10	23.71
	颍河线颍上闸	50	1.50	1.47		1.47
	西淝河线河口闸	85	11.22	9.67		9.67
	涡河线蒙城闸	50	2.06	2.03		2.03
	淮水北调何巷闸	49	5.94	5.27		5.27

从表 8-1-2 可以看出,规划至 2030 年、2040 年引江济淮工程分别可以供非农业用水 18.57×10^9 m³、23.74×10^9 m³,阜阳市市中、深层地下水开采总量 1.69×10^9 m³(2017 年),可以从根本上替换现有中、深层地下水水源。

表 8-1-2　多年平均引江济淮工程净增供水量及分配表

（单位：$\times 10^9$ m³）

| 水平年 | 河道外供水 | | | | | | | 总计 |
| | 非农业 | | | | 农业 | 合计 | 其中江水增供 | |
	生活	工业	生态	小计				
2030	6.93	11.13	0.51	18.57	2.87	21.44	18.10	21.44
2040	8.98	14.04	0.71	23.74	2.83	26.56	23.96	26.56

引江济淮主体工程在近期（2025 年以前）难以完成，配套工程需至 2030 年才能完成，短期内地下水开采量并不能大量减少。

8.1.1.3　淮河地表水

淮河地表水多年以来是沿淮城市蚌埠市、淮南市主要供水水源。阜阳市距离淮河较近，淮河也是阜阳市可利用的地表水源。根据《临淮岗工程综合利用实施方案》（安徽省水利水电勘测设计院，2012 年 6 月），临淮岗坝上河道蓄水水位-库容关系见表 8-1-3，其在一般年份有 1×10^9 m³ 左右的调节库容，可供阜阳市取用。

表 8-1-3　临淮岗坝上河道蓄水水位-库容关系表

水位（m）	河道库容（$\times 10^9$ m³）	调节库容（$\times 10^9$ m³）	水面面积（km²）
17.0	0.74		16.9
17.6	0.84		18.1
18.0	0.92	0.08	22.1
19.0	1.17	0.33	27.1
20.0	1.50	0.66	43.0
20.5	1.73	0.88	43.8
21.0	1.95	1.11	46.0
21.5	2.26	1.42	65.2
22.0	2.57	1.73	67.7
22.5	2.98	2.14	86.9

续表

水位（m）	河道库容（×10⁹ m³）	调节库容（×10⁹ m³）	水面面积（km²）
23.0	3.40	2.56	90.0
23.5	3.94	3.09	112.0
24.0	4.47	3.63	115.0

淮河地表水存在枯水年份供水不足甚至低于调节库容水位以及水质遭受污染的可能性大，对于满足或补充阜阳市、蚌埠市、淮南市城市供水仍存在一定的风险。

8.1.1.4 采煤塌陷区地表水

研究区内及周边的煤矿开采时间长，产生了众多塌陷区，这些塌陷区主要分布于淮南市-阜阳市颍上县境内，部分塌陷区已经或接近连为一体（图 8-1-1、表 8-1-4、表 8-1-5）。集中一体化的塌陷区的地表水体一般水域面积大，水体深度可超过 10 m 以上，蓄水达数亿立方米。采取适当调蓄水、开挖连接与管道输送等水利工程，有可能较快地满足对阜阳市城市供水需求，实现对中、深层地下水的压限采目标。

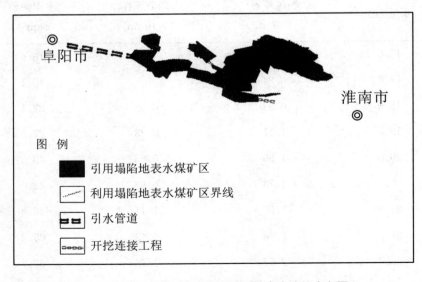

图 8-1-1 阜阳市引用采煤塌陷区地表水建议方向图

表 8-1-4　阜阳市 2020 年采煤塌陷区状况统计表

矿井名称	塌陷深度 (m)	塌陷面积（hm²）				
		10 mm～ 1.5 m	1.5 m～ 3.0 m	3.0 m～ 5.0 m	>5.0 m	合计
刘桥煤矿	13.51	1 488.21	596.21	596.37	376.0	3 056.79
谢桥煤矿	13.19	860.52	324.27	384.21	840.0	2 409.00
口孜东矿	4.93	699.00	316.0	333.0	0	1 348.00
合计		3 047.73	1 236.48	1 313.58	1 216.0	6 813.79

注:资料引自安徽省地质环境监测总站提交的《安徽省阜阳市城区新水源地可行性论证》。

表 8-1-5　阜阳市最终采煤塌陷区预测状况统计表

矿井名称	塌陷深度 (m)	塌陷面积（hm²）				
		10 mm～ 1.5 m	1.5 m～ 3.0 m	3.0 m～ 5.0 m	>5.0 m	合计
刘桥煤矿	21.01	1 892.04	724.54	868.26	2 496.04	5 980.88
谢桥煤矿	19.72	1 344.10	484.40	556.27	1 604.04	3 988.81
口孜东矿	24.55	1 160.0	384.0	360.0	2 200	4 104.00
合计		4 396.14	1 592.94	1 784.53	6 300.08	14 073.69

注:资料引自安徽省地质环境监测总站提交的《安徽省阜阳市城区新水源地可行性论证》。

　　上述结果,仅是阜阳市境内的煤矿塌陷区范围,而淮南市境内的煤矿开采区与之是一个整体,且开采时期更长,塌陷区范围更大,因此,从整个塌陷区水体容量而言,近期解决阜阳各县区城市以及农村安全饮水工程供水均不成问题。

　　另一方面,凤台-颍上塌陷调蓄供水区与淮河基本可以贯通,可利用淮河汛期进行蓄水或适当排泄调节,使该塌陷区地表水体保持在一个适宜的容量区间,并有可能一定程度上改善水质状况。

8.1.2 优化开采利用方案

8.1.2.1 调整开采层位

由于浅层地下水易受大气降水补给,可采用浅深井群组合供水,减轻深层地下水开采压力。这种方案比较适合农村安全饮水工程。

8.1.2.2 近期(2025年)全面禁限采深层地下水

现状主要是阜阳市大量开采中层地下水,根据地面沉降工程地质分区岩土力学特征及光纤孔监测成果等,研究区中层压缩层具有沉降性,因此,应尽快全面禁限采中层地下水,转用浅层地下水或其他引水工程水源。如阜阳市第三水厂引用淮河地表水,取水口位于阜南县郜台,现已实现供水,供水能力 $15×10^4$ m³/d,主要供城市生活用水。在此基础上,近期封禁中层地下水开采是可行的。

8.1.2.3 严格监控超深层地下水及地下热水的开发利用

由于近年来对深层地下水的开采深度逐年加深,部分深井已超过 500 m,且可能还有一些地热井在开采,并且缺少监管。这种状态如果持续下去,将可能造成严重的地面沉降后果。应立即禁止无证开采地热井,并严格控制地热井的无序开采。

8.1.3 人工回灌地下水

人工回灌地下水在上海等地区已有较成功的实施经验,在发达国家的城市取水工程中,20%～40%的地下水是靠人工调蓄补给的。人工回灌地下水可以补充地下水量、抬高地下水位,并增加孔隙水压力,增大浮拖力,使土层产生回弹,起到控制地面沉降的作用;同时利用冬灌或夏灌方法来改变地下水温度,为工业在夏季或冬季开采地下水时,获取冷源或热源的有效方法。

阜阳市目前尚缺少回灌水资源,在各项地表水引水工程运行后,可于近期选用附近其他可利用水源(城市附近湖水、岩溶地下水、水质较好的塌陷区地表水),将一部分水质较好的水源回灌中、深层地下水,以加快中、深层地下水位的恢复,并增加中、深层应急备用水源量。

8.1.4　加强地下水监测

地面沉降主要是由于大量开采地下水引起的,因此,加强地下水监测工作是重中之重,监测手段包括自动监测及人工监测两种。近几年,通过国家地下水监测工程的实施,研究区地下水环境监测站点密度大幅度增加,监测精度大幅提高,主要监测浅层孔隙水、中深层孔隙水、深层孔隙水和岩溶水,城市及水源地主要监测开采目的层地下水等,这对当地控制地下水开发起到了关键作用。

8.2　地面沉降防治建议

8.2.1　安徽省地面沉降监测网络优化建设工程

8.2.1.1　基岩标建设

地面沉降相对较严重的阜阳市基岩标数量低,为了完善地面沉降监测网络,2020 年安徽省根据地面沉降防治需求,在阜阳市城区开展基岩标(孔深 1 600 m)建设工作。

8.2.1.2　建设光纤监测孔

抽取地下含水层中的地下水引起的地面沉降是不可避免的。抽水期间的地面沉降由两部分组成:一是含水砂层的压缩变形,二是黏性土释水压密。由于未进行孔隙水压力观测及岩土力学性质测试工作,因此,不能准确地了解本区地面沉降发生的压缩层范围、砂层及黏性土所产生的压缩量的比例等,根据沉降的主要压缩层位及其埋深布设光纤监测孔。

为监测不同层位的黏土层压缩情况,"十四五"期间,安徽省根据当地需求,在阜阳市区布设光纤监测孔。

8.2.1.3 分层标建设及自动化改建

分层标是监测研究地面沉降垂向变化及分析其控制影响因素的重要技术手段。阜阳市地面沉降发育较强,在城市地下水集中开采区建立专门性监测孔实施长期序列性监测是必要的,应根据当地需求,设置分层标。

8.2.1.4 加强地面水准监测网监测

利用国家级一、二等水准点,C、D级GPS点,城市建设,铁路、水利建设等单位已有的等级防治点开展地面沉降水准测量,结合已开展的地面沉降控制区划定工作成果,建立主要中深层、深层地下水降落漏斗区的地面水准监测网络。在"十四五"期间,每年开展定期水准测量工作。

8.2.1.5 开展InSAR遥感解译

为全面掌握全区的地面沉降情况,提高经费使用效率,应每年开展一期地面沉降InSAR解译工作,及时掌握安徽省的地面沉降发展趋势。在前期工作的基础上,利用新的数据源,开展新一期区域性沉降范围和累计沉降量的遥感解译工作。在"十四五"期间,应每年开展一期InSAR解评工作,每期解译面积 10 118 km^2。

8.2.2 积极探索地下水压采改水方向

8.2.2.1 地下水压采方向

应严格控制地下水开采总量,将淮河以北地下水超采区均划为限采区。

1. 限采区严格实施总量控制

限采区域内不得新增地下水开采量,并逐步削减地下水开采量。严禁工农业等生产性用水新增地下水开采量,城乡居民生活和特殊水质要求确需增加开采量的,必须压减生产性用水,对高耗水、高污染企业节水实施改造或关停并转等措施进行,以确保不增加现状开采量。在地下水限采区内,确需取用地下水的,须经省级水行政主管部门同意,并将相关置换措施方案报备方可进行。

2.严格地下水管理

超采区各市、县要切实加强地下水开发利用管理,要按照《安徽省实施〈水法〉办法》等要求规划建设替代水源,采取科学措施,增加地下水的有效补给,逐步实现采补平衡。

3.加强地下水动态监测

各市应按照地下水管理与保护的要求,规划建设地下水观测井,特别是超采区要建设完备的地下水自动监测工程,实施水位水量双控。

8.2.2.2　地下水改水方向

研究区的大部分区域中、深层地下水处于严重超采状态,积极调查研究附近及邻区河湖地表水、塌陷区地表水以及岩溶地下水等常规与非常规改水方向,尽快论证实施新的改水方案是实现中、深层地下水压采目标的重要途径。

(1) 阜阳市城区实施临区饮水工程

建议从阜南县南照集引淮河水入阜阳城区(注:阜阳市已有三水厂引用淮河地表水,取水口位于阜南县部台,现已实现供水,供水能力 15×10^4 m^3/d);全面禁采阜阳市城区、界首市、太和县及临泉县中心城区中层、深层、超深层地下水,近期(2025 年之前)整体消减 50% 开采量,中期(2030 年之前)全面禁采;建议在中心城区外围适量开采浅层地下水,以浅井群形式分散开采。

(2) 引江济淮工程

通过引江济淮工程,改用地表水,可从根本上解决或大大缓解中、深层地下水过量开采引起的地面沉降问题。引江济淮工程沟通长江、淮河两大水系,是跨流域、跨省重大性水资源配置和综合利用工程。工程任务以城乡供水和发展江淮航运为主,结合灌溉补水和改善巢湖及淮河水生态环境。该工程的安徽省淮北平原区受水范围包括阜阳、亳州、宿州(部分)、淮北(部分)蚌埠(部分)、淮南各市。

8.2.3　地面沉降监测信息系统建设

依托长三角地面沉降信息平台,根据长三角地区地面沉降监测与防治工作要求,及时汇交高程测量资料;地下水开发利用资料;地面沉降、地下水监测资料;专项地面沉降调查评价资料。继续加强对区内地面沉降监测设施的维护管理,并根据设施实际运行情况及时进行报废、补充建设以不断完善区内监测网络。

8.2.4 加强地下水开采监管力度,实行中、深层地下水开采与地面沉降的全面网络化监控

目前,地下水常态化动态监测均基本局限于区域性水位测量,而掌握各类水资源开采分布与开采量的动态变化是进行地质环境保护所必需的。通过科学手段及保障制度达到对水资源开采的常态化监测可获得完整可靠的连续数据,对分析水资源保证程度、水资源平衡计算、预测地下水开采趋势、合理优化水资源配置等具有重要意义。

8.2.5 地面沉降管理机制体制建设

区域性地面沉降防控仅靠单个地区、单个部门或单个单位是很难有所作为的。近年来,国务院推行全国地面沉降防治部级联席会议制度,安徽省也加入了长三角地面沉降防治区域合作协议。一方面,皖北六市可按照"区域联动、信息共享、优势互补、共同防治"的原则,联合开展淮北平原地面沉降监测工作,提高系统调控能力和整体水平。建立沉降监测联席会议制度,搞好资源整合,实现资源共享。另一方面,地质灾害防治主管部门要注重同水利、生态环境、住建、交通运输、农业、铁路建设、发展改革、财政等部门的沟通,共同构建地面沉降监测、预警预报信息共享平台和防灾减灾应急处置机制,按照各自职责做好地面沉降防治的有关工作。据了解,有些联防联控工作已经在做,但还未形成正式的工作机制和制度。

第9章 结论与建议

本书以安徽省淮北平原典型城市阜阳市为例,以掌握的地形地貌、水文地质条件、工程地质条件、地下水开采资料为基础,收集了岩土样品测试数据,在研究区采用了水准测量、遥感解译、光纤监测等方法,以定性和定量分析相结合为手段,对安徽省淮北平原典型城市——阜阳市进行剖析,取得了以下成果:

(1) 根据地下水的埋藏条件、水力特征及其与大气降水、地表水的关系自上而下划分为浅层地下水和深层地下水。浅层地下水赋存于 50 m 以浅的全新世、晚更新世地层中,按埋藏条件可称其为第一含水层组(浅层);深层地下水赋存于 50 m 以下的地层中,将松散岩类深层地下水划分为 3 个含水层组,即第二含水层组(埋深 50～150 m)、第三含水层组(埋深 150～500 m)和第四含水层组(埋深 500～1 000 m)。

(2) 通过岩土体力学指标统计并结合地质时代、岩性组合及有关指标分析,将 30 m 以深,350 m 以浅的土体划分 4 个工程地质层组和 8 个压缩层,具体为第一工程地质层组——可塑状粉质黏土工程地质层组(C1);第二工程地质层——可塑-硬塑状粉质黏土、粉细砂土工程地质层组(C2);第三工程地质层——硬塑状粉质黏土、黏土夹粉细砂土工程地质层组(C3);第四工程地质层——硬塑状黏土、粉质黏土与细砂、中细砂互层工程地质层组(C4)。

(3) 在已有的地下水监测网络平台基础上,通过项目实施,进一步完善了阜阳市地面沉降监测网络。阜阳市率先成为了安徽省首个拥有"空天地"一体化的地面沉降监测网络的城市,监测手段主要包括空中监测、地表监测及地下监测。空中监测主要为 InSAR 监测;地表监测主要由水准点、GNSS 监测点、分层标(组)、光纤孔等构成;地下监测主要为地下水监测,未来将进一步加强监测力度,补充完善监测工作。通过实施监测发现研究区最大累积沉降量达 1 838.2 mm(1963～2017年),阜阳城市地下水集中开采区及其外围地区平均沉降速率为 20～43 mm/a。

（4）本书从地下水动态特征、黏土层特征分析、光纤监测、城市扩张等方面出发阐述了地面沉降机理；分析得出：研究区地面沉降与中深层地下水开采呈正相关，据光纤监测资料显示，目前研究区北部地层变形段在 77～200 m 深度范围；发现在 2016～1017 年度产生了较为显著的沉降变形，约为 20 mm；FK01 分层标组监测南部地层 150～350 m 深度变形段，2019 年 7～12 月累积沉降量为 17.85 mm，2020 年累计沉降量为 6.92 mm，贡献层依然为深层。

（5）在本次调查研究的基础上，完成了研究区的地面沉降危险区划，突出了地下水开采禁止与限制要求，为阜阳市今后有关规划建设及地下水资源管理提供了科学依据。

（6）根据实际调查和监测分析，提出了改饮用地表水水源，压缩中、深层地下水的开采量，人工增加地下水补给量，优化开采利用方案的建议。同时建议优化地面沉降监测网络建设工程，积极探索地下水压采改水方向等。

附录　有关现场照片

沿河阜阳闸(桥)地面沉降形成的建筑物变形

阜阳华源纺织厂 5 号井地面沉降形成的井台拔高

阜阳颍河大桥 2008 年维修后新出现的变形现象

阜阳颍河大桥 2008 年维修后新出现的变形现象

阜阳 GPS 点建设

阜阳二等水准测量现场

利用一水厂 26# 检修进行地下水水文地质调查现场

阜阳 FK01 分层标组

参 考 文 献

［1］ ARMENAKIS C, LEDUC F, CYR I, et al. A comparative analysis of scanned maps and imagery for mapping applications［J］. Isprs Journal of Photogrammetry & Remote Sensing, 2003,57(5-6):304-314.

［2］ CARNEC C, DELACOURT C. Three years of mining subsidence monitored by SAR interferometry, nearGardanne, France［J］. Journal of Applied Geophysics, 2000, 43 (1):43-54.

［3］ CHAUSSARD E, AMELUNG F, ABIDIN H, et al. Sinking cities in Indonesia: ALOS PALSAR detects rapid subsidence due to groundwater and gas extraction［J］. Remote Sensing of Environment: An Interdisciplinary Journal,2013,128(1):150-161.

［4］ FUNING G J, PARSONS B, WRIGHT T J. Fault slip in the 1997 Manyi, Tibet earthquake from linear elastic modeling of InSAR displacements［J］. Geophysical Journal International,2007,169(3):988-1008.

［5］ JABOYEDOFF M, OPPIKOFER T, ABELLAN A, et al. Use of LIDAR inlandsilideinvestigations: a review［J］. Natural Hazards,2012,61(1):5-28.

［6］ ROGERS A E E, INGALLS R P. Venus: Mapping the surface reflectivity by radar interferometry［J］. Science,1969,165(3895):797-799.

［7］ SINGLETON A, LI Z, HOEY T, et al. Evaluating sub-pixel offset techniques as an alternative to D-InSAR for monitoring episodic landslide movements in vegetated terrain ［J］. Remote Sensing of Environment,2014,147:133-144.

［8］ STROZZI T, WEGMULLER U. Land subsidence monitoring with differential SAR interferometry［J］. Photogrammetric Engineering & Remote Sensing,2001,67(11):1261-1270.

［9］ Surface and atmospheric remote sensing technologies, data analysis and interpretation. International. Symposium,1994. IGARSS′94. IEEE,2002:19617-19634.

［10］ TERZAGHI K. Principles of soil mechanics, Ⅳ-Settlement and consolidation of clay

[J]. Engineering News-Recond,1925,95(3):874-878.

[11] ZEBKER H A, ROSENP. On the derivation of coseismic displacement fields using differential radar interferometry: The landers earthquoke[C]//Geoscience and Remote-Sensing. Zisk S H. A New, Earth-based Radar Technique for the Measurement of Lunar Topograghy. Moon,1972,4(3):296-306.

[12] 戴海涛.西安地面沉降物理模型试验研究[D].西安:长安大学,2009.

[13] 董国凤.地面沉降预测模型及应用研究[D].天津:天津大学,2006.

[14] 段永侯.我国地面沉降研究现状与21世纪可持续发展[J].中国地质灾害与防治学报,1998,9(2):1-5.

[15] 葛伟亚,叶念军,龚建师,等.淮北流域平原区地下水资源合理开发利用模式研究[J].地下水,2007,29(5):27-40.

[16] 龚士良.上海地面沉降影响因素综合分析与地面沉降系统调控对策研究[D].上海:华东师范大学,2008.

[17] 韩彦霞,王艳丽,韩占城[J].水资源研究,2009,30(2):31-33.

[18] 胡云虎.皖北地下水源地水环境地球化学特征研究[D].合肥:安徽理工大学,2015.

[19] 姜媛,贾三满,王海刚.北京地面沉降风险评价与管理[J].中国地质灾害与防治学报,2012,23(1):55-60.

[20] 李丁.地下水位变化诱发的地面沉降机理研究[D].徐州:中国矿业大学,2018.

[21] 李树旺.淮北城市地质环境[J].安徽地质,2015,25(3):227-230,233.

[22] 李成柱,周志芳.地面沉降的数值计算模型与流固耦合理论综述[J].勘察科学技术,2006(6):14-20.

[23] 李雪华.抽灌水引起地面沉降的现场试验及模拟研究[D].南京:南京大学,2019.

[24] 刘平,王良超,杨东凡.安徽省淮北平原地下水环境与工作方向[J].安徽地质期刊,2007,17(3):198-202.

[25] 刘毅.地面沉降加重了1998年中国大洪灾[J].中国地质,1999,28(1):30-32.

[26] 梅文胜,张正禄,郭际明,等.测量机器人变形监测系统软件研究[J].武汉大学学报(信息科学版),2002,(02):165-171.

[27] 孟祥磊.基于GIS的地面沉降预测研究[D].天津:天津大学,2007.

[28] 秦同春,程国明,王海刚.国际地面沉降研究进展的启示[J].地质通报,2018,37(2-3):503-509.(Chaussard E et al.,2013;Armenakis C,2013)(秦同春,等,2018).

[29] 单新建,马瑾,宋晓宇,等.利用星载D-InSAR技术获取的地表形变场研究张北-尚义地震震源破裂特征[J].中国地震,2002,(02):1-8.

[30] 单新建,柳稼航,马超.2001年昆仑山口西8.1级地震同震形变场特征的初步分析[J].地

震学报,2004,26(5):474-480.

[31] 万伟锋.西安市地下水开采-地面沉降数值模拟及防治方案研究[D].西安:长安大学,2008.

[32] 王穗辉.变形数据处理、分析及预测方法若干问题研究[D].上海:同济大学,2007.

[33] 王帆.地面沉降分析及预测模型研究[D].邯郸:河北工程大学,2017.

[34] 吴彰森.变形监测技术及发展趋势研究[J].科技资讯,2008,(35):1.

[35] 许才军,林敦灵,温扬茂.利用 InSAR 数据的汶川地震形变场提取及分析[J].武汉大学学报(信息科学版),2010,(100):1138-1142,1261-1262.

[36] 杨春生,李明良,许建廷.地面沉降的预测与防治措施[J].地下水,2007,29(6):75-77.

[37] 杨凤芸.边坡高精度监测系统及变形趋势预测的研究[D].沈阳:东北大学,2012.

[38] 杨则东.安徽省阜阳市地下水开采利用现状及其引发的地下环境问题[J].安徽地质,2007,17(2):134-139.

[39] 杨智娴,陈运泰,张宏志.张北-尚义地震序列的重新定位[J].地震地磁观测与研究,1999,(06):6-9.

[40] 元军强,施斌,蔡奕,等.美国的地面沉降及其对策[J].西安工程学院学报,2002,24(4):58-62.

[41] 张阿根,刘毅,龚士良.国际地面沉降研究综述[C]//Laura Carbognin,GiuseppeGambolati,A. Ivan Johnson,地面沉降-第六届地面沉降国际讨论会论文选(张阿根等编译).北京:地质出版社,2001:1-8.

[42] 张阿根,杨天亮.国际地面沉降研究最新进展综述[J],2011,57-63.

[43] 张云霞.天津市滨海新区地面沉降防治对策研究[D].天津:天津大学,2014.

[44] 郑铣鑫,武强,侯艳声,等.城市地面沉降进展及发展趋势[J].地质论评,2002,48(6):612-618.